Kompass für schwierige Führungssituationen

Ursula Wawrzinek

Kompass für schwierige Führungssituationen

Wie Sie Team- und Mitarbeiterkonflikte souverän lösen

1. Auflage

Schäffer-Poeschel Verlag Stuttgart

Bibliografische Information der Deutschen Nationalbibliothek

Die Deutsche Nationalbibliothek verzeichnet diese Publikation in der Deutschen Nationalbibliografie; detaillierte bibliografische Daten sind im Internet über http://dnb.dnb.de abrufbar.

Print: ISBN 978-3-7910-4795-9 Bestell-Nr. 10396-0001
ePub: ISBN 978-3-7910-4796-6 Bestell-Nr. 10396-0100
ePDF: ISBN 978-3-7910-4797-3 Bestell-Nr. 10396-0150

Ursula Wawrzinek
Kompass für schwierige Führungssituationen
1. Auflage, 2019

www.schaeffer-poeschel.de
service@schaeffer-poeschel.de

Bildnachweis (Cover): ©fotogestoeber, shutterstock.com
Lektorat: Jana Fritz, TEXTECHT, Stuttgart
Illustrationen im Buch: Michael Wirth, http://www.michael-wirth.com

Produktmanagement: Dr. Frank Baumgärtner

Schäffer-Poeschel Verlag Stuttgart
Ein Unternehmen der Haufe Group

SCHÄFFER POESCHEL **myBook**

Ihr Online-Material zum Buch
Für den praktischen Einsatz finden Sie als kostenloses Zusatzmaterial im Online-Bereich:

- zwei Interviews
- einen Selbsteinschätzungsbogen
- Handouts zur Gesprächsführung

So funktioniert Ihr Zugang

1. Gehen Sie auf das Portal sp-mybook.de und geben den Buchcode ein, um auf die Internetseite zum Buch zu gelangen.
2. Oder scannen Sie den QR-Code mit Ihrem Smartphone oder Tablet, um direkt auf die Startseite zu kommen.

SP myBook:
www.sp-mybook.de
Buchcode: 4795-komp

Inhaltsverzeichnis

Abbildungsverzeichnis

Einleitung

Hatten Sie schon einmal Schwierigkeiten mit einem oder mehreren Mitarbeitern[1]? Und haben Sie das Problem mit nach Hause oder sogar mit in die Nacht genommen? Mussten Sie immer wieder den Kopf schütteln über das, was passiert ist, waren ratlos und fühlten sich irgendwie hilflos?

Willkommen im Klub. Sie sind nicht allein. Im Laufe der Zeit geht es nahezu allen Führungskräften einmal so oder ähnlich.

Konflikte gehören zum Leben dazu. Und sie machen auch vor den Betriebstoren nicht halt. Wo Menschen miteinander schaffen, machen sie sich zu schaffen. Sind die Beteiligten nicht in der Lage, eine Störung in der Zusammenarbeit untereinander zu klären und zu lösen, landet das Thema früher oder später auf dem Tisch der Führungskraft. Lange Rede kurzer Sinn: Keine Führungskraft kommt dauerhaft an Konflikten vorbei. Am besten lernen Sie, souverän damit umzugehen. Das ist das Thema dieses Buches.

Zwischenmenschliche Störungen in der Zusammenarbeit erinnern an brausende Wogen auf stürmischer See. Die Ereignisse überschlagen sich, und im Sturm der aufgewühlten Gefühle verlieren die Beteiligten schnell die Nerven und die Orientierung. In gefährlichen Wetterlagen muss jedoch jemand kühlen Kopf bewahren, wissen, wo es langgeht, und die Führung übernehmen. Auf hoher See ist das der Kapitän. In Ihrem Verantwortungsbereich sind Sie derjenige, der Herr der Lage bleiben sollte. Dann heißt es, Ruhe bewahren, die Lage fachkundig einschätzen und einen Plan entwickeln, wie man die Wogen glättet und die Mannschaft zurück in den sicheren Hafen bringt.

Mit diesem Buch gebe ich Ihnen einen Kompass und eine Seekarte an die Hand, die sie bei Bedarf aus der Schublade ziehen und zur schnellen Orientierung nutzen können. Die Seekarte setzt sich aus zahlreichen Puzzleteilen zusammen. Einzelne Teile mögen Ihnen auf den ersten Blick unbedeutend erscheinen. In diesem Fall benötigen Sie bei der Lektüre dieses Buches an mancher Stelle ein wenig Geduld und Vertrauen in meine Führung. Versprochen: Sobald alle Teile richtig zusammengesetzt sind, offenbart sich das ganze Bild. Und im Kontext des Gesamtbildes zeigt sich der Nutzen jedes einzelnen Teils.

1 Aus Gründen der besseren Lesbarkeit wird auf die gleichzeitige Verwendung männlicher und weiblicher Sprachformen verzichtet. Weibliche Führungskräfte, Mitarbeiter etc. sind natürlich ebenso gemeint.

Ein paar Worte zu mir:

Seit über zwanzig Jahren bilde ich Führungskräfte im Umgang mit schwierigen Führungssituationen aus und berate Unternehmen bei der Bewältigung von Konflikten, die sie aus eigener Kraft nicht mehr lösen können. Über tausend Führungskräfte haben sich vertrauensvoll von mir in die Karten schauen lassen, mit mir ihre Sorgen und Nöte geteilt und meine Techniken und Methoden in ihrem Alltag angewandt. Und weil sie damit ihre jeweiligen Herausforderungen nachhaltig bewältigt haben, kann ich dieses Wissen mit Ihnen teilen.

Eines möchte ich gleich zu Beginn klarstellen: Dieses Buch ist kein wissenschaftliches Buch. Es ist ein anwendungsorientierter Ratgeber. Er ist aus der Praxis heraus entstanden und für die Praxis geschrieben. Er erzählt von gelebter Praxis. In Fachkreisen wird seit Längerem das Thema Führung 4.0 diskutiert. Mit den Veränderungen am Arbeitsmarkt erlebt auch die Führungsrolle einen gewaltigen Umbruch. Immer mehr Macht und Verantwortung gehen von der Führungskraft auf die Mitarbeiter über. Doch da stehen die allermeisten Unternehmen derzeit noch nicht. Ich arbeite mit keinem idealisierten Führungsbild, sondern setze mit meiner Arbeit bei den tatsächlichen Rahmenbedingungen an, die ich in den Unternehmen vorfinde. Ich beschreibe ein Verständnis der Führungsrolle, wie es für die Bewältigung der Schwierigkeiten im Zusammenwirken zwischen Führungskraft und Mitarbeitern heute vonnöten ist.

Und was wird die Zukunft bringen? Die Kompetenzen, die heute im Wesentlichen im Bereich der Führungskraft liegen, werden künftig zu einem beachtlichen Teil in die Selbststeuerung der Teams übergehen. Die Methoden und Techniken, die ich Ihnen anbiete, werden in der neuen Welt noch wichtiger sein – und dort nicht nur für Führungskräfte, sondern für alle Mitarbeiter.

Aufgrund meiner Erfahrung bin ich der festen Überzeugung: Konflikte, die die Beteiligten aus eigener Kraft nicht lösen können, wird es immer geben. Weder die Selbststeuerung im Team, noch die Unterstützung durch einen neutralen, allparteilichen Mediator wird in vielen eskalierten Konflikten für eine Lösung ausreichend sein. Eine Klärungsinstanz, die mit disziplinarischer Macht und Entscheidungskompetenz ausgestattet ist, bleibt auch in Zukunft unverzichtbar.

Was ist und bleiben wird: Unter Anwendung meiner vorgestellten Ansätze entwickeln Sie ein beziehungsförderndes und coachendes Verhalten gegenüber Ihren Mitarbeitern, wie es heute und auch in Zukunft erwartet wird.

Das Buch ist in zwei Teile gegliedert. In Teil A »Startklar machen: Erst denken …« leite ich Sie durch eine umfassende gedankliche Auseinandersetzung mit möglichen Konfliktgeschehen in Ihrem Verantwortungsbereich. Hier schulen Sie Ihr grundsätzliches Verständnis

- über die menschlichen Aspekte in der Zusammenarbeit,
- über die Anforderungen an Ihre Führungsrolle und
- für Ursachen und Symptome von Störungen in der Zusammenarbeit.

Dieses erweitern Sie um Wissen, Techniken, Methoden und Selbstreflexion.

In Teil B »Loslegen: ... dann handeln« geht es dann an die konkrete Umsetzung in der Praxis. Zu den vier Szenarien

- Wenn einer stört ...,
- Wenn zwei sich streiten ...,
- Wenn der Chef das Problem ist ... und
- Wenn » die da oben« das Problem sind ...

erarbeiten wir eine konkrete, erfolgserprobte und stabile Vorgehensweise. Sie erhalten hier eine Anleitung, die Sie bei Bedarf Schritt für Schritt durch einen Klärungs- und Lösungsprozess führt.

Ich bin mir sicher, dass Sie einen anspruchsvollen Arbeitsalltag haben. Da ist es eine respektable Leistung, dass Sie in Ihrer knappen Freizeit dieses Fachbuch lesen. Um es für Sie einfacher und angenehmer zu gestalten, habe ich mich um eine leicht verständliche und unterhaltsame Sprache bemüht. Gleichzeitig ist das Thema alles andere als einfach. Denn jeder Konflikt ist ein Unikat und muss für sich betrachtet werden.

Damit Sie größtmögliche Ernte einfahren können, empfehle ich Ihnen folgende Herangehensweise:

- Nehmen Sie sich die nötige Zeit.
  Lesen Sie das Buch langsam. Ich öffne meinen prallgefüllten Werkzeugkoffer für Sie. Betrachten Sie die Instrumente in aller Ruhe, und prüfen Sie, was Ihnen wann und wie dienlich sein kann.
- Gehen Sie unvoreingenommen an das Thema heran.
  Legen Sie Altbekanntes und Zweifel einfach mal Beiseite, und lassen Sie sich auf neue Sichtweisen und Techniken ein.
- Halten Sie inne, wenn Ihnen eigene Geschichten einfallen.
  Ihre eigenen Erfahrungen sind sehr wertvoll. Verweilen Sie bei ihnen, und bedenken Sie sie vor dem Hintergrund des Gelernten neu. Auf diese Weise hauchen Sie dem Buch Leben ein und lassen es zu einem wertvollen, praxisnahen Ratgeber werden.
- Probieren Sie aus.
  Alles, was ich schreibe, ist gelebte Praxis. Allerdings die Praxis von Ihnen unbekannten Führungskräften. Machen Sie Ihre eigenen Erfahrungen, indem Sie das Gelernte in Ihren Führungsalltag übertragen. Experimentieren Sie, beobachten Sie, was passiert, und bewerten Sie das Ergebnis.

Möge Ihnen dieses Buch hilfreich und dienlich sein. Wenn dies gelingt, let’s have a party! Und wenn Sie mich davon wissen lassen, freue ich mich.

Und eines noch: Sehr gern stehe ich Ihnen mit meiner Expertise zur Verfügung.

Herzliche Grüße

Ursula Wawrzinek

https://www.konfliktberaterin.de

Teil A
Startklar machen: Erst denken …

1 Die notwendige Klarheit über Konflikte im Beruf

1.1 Warum Sie Probleme lösen können, Konflikte aber nicht

Warum lange um den heißen Brei herumschreiben? Lassen Sie uns gleich zum Highlight des Buches kommen. Ihre Zeit ist knapp, und Sie wollen schnell Neues erfahren. Etwas, das Ihnen den Führungsalltag deutlich erleichtert. Obwohl – das Highlight wird es schon, aber auch etwas Neues? Vielleicht haben Sie von dem Modell, das ich hier vorstelle, bereits gehört. Schließlich wird es inzwischen bereits in der Schule gelehrt. Die schlechte Nachricht: Offensichtlich ist es mit dem Wissen allein nicht getan, denn an der Umsetzung im Alltag hapert es gewaltig. Ganz besonders im Konflikt, wie wir noch sehen werden. Die gute Nachricht: Sobald Sie dieses einfache Modell nicht nur kennen, sondern auch richtig zu lesen verstehen, halten Sie einen goldenen Schlüssel für den erfolgreichen Umgang mit Konflikten in Händen.

Das Grundlagenmodell der Kommunikation

Es geht um das Grundlagenmodell der Kommunikation. Der Kommunikationspsychologe Paul Watzlawick hat erforscht, was passiert, wenn Menschen miteinander kommunizieren. Er fand heraus, dass ein Austausch immer auf mehreren Ebenen gleichzeitig stattfindet. Er unterschied zwischen der Sachebene einerseits und der Gefühls- und der Beziehungsebene andererseits. Sobald wir miteinander kommunizieren, sind diese Ebenen zugleich aktiv. Während sich die Sachebene als Gesprächsthema oder Verhandlungsgegenstand bildlich gesprochen gut sichtbar auf dem Tisch befindet, spielen sich parallel dazu die Gefühls- und Beziehungsebene unsichtbar und oftmals unbewusst unter dem Tisch ab.

Doch was genau beinhalten diese verschiedenen Ebenen?

Die im wahrsten Sinne des Wortes offensichtliche Sachebene betrifft das Thema des Gesprächs: die verwendeten Worte und die dargelegten Fakten. All das spielt sich offen und sichtbar für alle Beteiligten ab. Die Sachebene liegt also direkt zugänglich an der Oberfläche des Geschehens.

Unter dem Tisch befinden sich die Gefühls- und die Beziehungsebene. Die Gefühlsebene enthält all das, was wir füreinander empfinden und was wir voneinander halten: Ob wir unseren Gesprächspartner mögen und schätzen oder ihn für unsympathisch und inkompetent halten, ob wir uns mit ihm entspannt und wohl oder unbehaglich und in Habachtstellung fühlen – all das spielt sich auf dieser Ebene ab.

Die Beziehungsebene wiederum verdeutlicht, in welchem Verhältnis wir im sozialen Gefüge zueinander stehen. Sind Sie der Chef oder der Praktikant? Sind Sie die Mutter oder das Kind? Sind Sie der Kollege und sprechen mit einem anderen Kollegen? Die Beziehungsebene beinhaltet das Verhältnis, in dem Sie und Ihr Gegenüber zueinander stehen, und drückt sich innerhalb gelungener Kommunikation angemessen aus.

Schätzen Sie einmal, welchen Einfluss in Prozent das, was Sie sagen, darauf hat, ob Ihr Gesprächspartner Ihnen zuhört, geschweige denn, Sie versteht oder sich vielleicht sogar von Ihren Argumenten überzeugen lässt.

Und schätzen Sie im Vergleich dazu einmal, welchen Einfluss Ihr persönliches Gefühl für den anderen und die Berücksichtigung des sozialen Verhältnisses, in dem sie zueinander stehen, auf das Gelingen der Kommunikation hat.

Ich will es Ihnen verraten: Das, was wir sagen – die Sachebene –, nimmt lediglich zu 20 Prozent Einfluss auf eine gelungene Kommunikation. Mit ganzen 80 Prozent bestimmen die Gefühls- und die Beziehungsebene die Qualität unserer Kommunikation.

Um im Bild zu bleiben: Für eine konstruktive Zusammenarbeit brauchen wir ein Plus unter dem Tisch. Denn: Wenn es auf der Gefühls- und/oder der Beziehungsebene blitzt, weil eine Störung vorliegt, wirkt sich das verheerend auf die Sachebene aus. Die Folge: Wir können den anderen mit unserer Botschaft nicht erreichen.

Praxisbeispiel

Morgens sagt meine Kollegin in genervtem Tonfall: »Hast du schon die Mail von Hans gelesen?« Sie verdreht dabei die Augen, atmet demonstrativ tief durch und drückt damit ihre Geringschätzung für Hans, unseren Chef, aus. Erstaunt blicke ich sie an. Ja, ich habe die Mail gelesen. Habe mich darüber gefreut und gelächelt. Hans hatte sich darin beim Team für die tolle Zusammenarbeit im gestrigen Teamworkshop bedankt und betont, wie gern er mit uns zusammenarbeitet.[1]

PRAXISCHECK

Übung: Raten Sie mal, wer von uns beiden damals ein Plus, also eine wertschätzende Haltung, und wer einen Blitz, also eine Störung zu Hans, unseren Chef, hatte? Was meinen Sie? Was hat sich vermutlich unter dem Tisch zwischen meiner Kollegin und dem Chef abgespielt?
Die Lösung finden Sie im Anhang.
Anwendung: Überlegen Sie einmal, bei welcher Gelegenheit in Ihrem Alltag und Umfeld sich eine Störung auf der Gefühls- und der Beziehungsebene zeigt.
Welche Anzeichen nehmen Sie wahr?

Was aber gilt konkret als Störung auf der Gefühls- und der Beziehungsebene? Ganz einfach: jede empfundene Abwertung. Sobald wir unseren Gesprächspartner unsympathisch finden,

1 Alle Praxisbeispiele sind anonymisiert. Ähnlichkeiten mit Ihnen bekannten Personen sind rein zufällig.

ihn nicht ernst nehmen oder ihn für inkompetent halten, wird er es bemerken. Selbst dann, wenn wir es nicht aussprechen. Der Mensch hat ein feines Gespür dafür und merkt, dass etwas nicht stimmt. Er fühlt sich unwohl, auch wenn er nicht genau weiß, warum. Oder er fühlt sich von uns abgelehnt. Eine vernünftige Zusammenarbeit ist nur noch eingeschränkt möglich.

Auf dem Weg zum Plus

Doch wie erreicht man im Job dieses Plus, also eine wertschätzende Einstellung auf der Gefühls- und der Beziehungsebene? Der Aufwand hält sich in Grenzen, denn es ist nicht nötig, mit jedem Kollegen oder Mitarbeiter eine Freundschaft zu pflegen.

Stattdessen geht es im Kern um drei Aspekte:

1. Es geht darum, dass wir Respekt ausdrücken. Dabei genügt es nicht, dass wir denken, wir respektieren unser Gegenüber. Es muss bei ihm auch so ankommen.
2. Es geht darum, dass wir unser Gegenüber mit Wertschätzung behandeln und – Sie ahnen es bereits – er spürt: Wir schätzen ihn als Mensch. Wir kritisieren bei Bedarf vielleicht seine Leistung oder sein Verhalten, aber nie seine Person. Das macht den wesentlichen Unterschied.
3. Es geht darum, dass wir – auch als Chef – mit den Kollegen und Mitarbeitern auf Augenhöhe sprechen. Grundsätzlich niemals von oben herab, sondern von einem Erwachsenen zum anderen.

Diese Aspekte müssen alle Beteiligten berücksichtigen, um die Gefühls- und die Beziehungsebene störungsfrei zu halten und konstruktiv zusammenarbeiten zu können.

Das ist kein Kann, sondern ein Muss.

Das Problem dabei: Mit unserer Aufmerksamkeit sind wir bei dem, was *über* dem Tisch besprochen wird. Man klärt vielleicht gerade, wer wann im Team in Urlaub gehen will und kann. Als Führungskraft denken Sie, dass Ihre Mitarbeiter erwachsen genug sein müssten, ihre jeweiligen Bedürfnisse mit der vorgegebenen Vertreterregelung in Einklang zu bringen und bei unterschiedlichen Wünschen gemeinsam eine einvernehmliche Lösung zu finden. Dann wundern Sie sich, wenn das nicht gelingt und es zu Zerwürfnissen kommt. Sie können es nicht fassen, schütteln den Kopf und fragen sich, wieso sich Ihre ansonsten so kompetenten, engagierten und freundlichen Mitarbeiter an dieser Stelle wie beleidigte Leberwürste und sture Esel verhalten.

Der Blick unter den Tisch

Die Antwort findet man, wenn man bildlich gesprochen einen Blick *unter* den Tisch wagt. Zugegeben, das ist unüblich. Aus der gewohnten Sitzhaltung ausbrechen, sich seitlich schräg nach unten beugen, tief hinunter bis zu den Beinen der Gesprächspartner. Plötzlich eröffnet sich jedoch ein völlig neuer Blickwinkel. Man erkennt beim längeren Verweilen in dieser Perspektive die Interaktion zwischen den Beteiligten. Halten alle die Füße still oder gibt es Tritte gegen das Schienbein? Oder werden im Gegenteil gar zärtliche Berührungen ausgetauscht? Wenn Sie nun denken, so etwas macht man doch nicht, das ist ungehörig und sorgt für Aufregung, gebe ich Ihnen recht.

Da sind wir nun schon an der entscheidenden Stelle. Denn mit dem üblichen Austausch auf der Sachebene hat unser Thema, der Umgang mit Konflikten im Unternehmen, herzlich wenig zu tun.

Abb. 1: Die Gefühls- und die Beziehungsebene entscheiden darüber, was auf der Sachebene möglich wird

Was ist ein Konflikt?
Ein guter Zeitpunkt, um ein gemeinsames Verständnis zu erarbeiten, was wir im Folgenden unter einem Konflikt verstehen wollen. Was zeichnet einen Konflikt aus? Woran ist er zu erkennen?

Lassen Sie mich gleich das eben genannte Beispiel – die Urlaubsplanung im Team – nutzen, um die sechs Kriterien einer Definition für Konflikte praktisch nachvollziehbar zu machen:

Zwei Mitarbeiter wollen in der ersten Pfingstwoche in Urlaub gehen. Noch ist es kein Konflikt, aber die erste Voraussetzung ist schon mal da:

- **Unterschiedliche Meinungen, Interessen, Werte oder Ziele treffen aufeinander ...**
  Das ist erst einmal nichts Ungewöhnliches. Das passiert laufend, und wir haben gelernt, mit Unterschiedlichkeiten umzugehen. Solange sie uns nicht einschränken, verfahren wir meist nach dem Motto: Leben und leben lassen.

Hinzu kommt jetzt:

- **... und sind nicht gleichzeitig miteinander vereinbar.**
  In unserem Fall: Die beiden Mitarbeiter vertreten sich gegenseitig und können dadurch nicht gleichzeitig Urlaub nehmen.

Das ist zunächst einmal eine Patt-Situation. Brenzlig wird es erst beim nächsten Faktor:

- **Jeder fühlt sich im Recht.**

Nun befinden wir uns an der Weggabelung, an der eine Problemstellung sich entweder löst oder aber sich zu einem waschechten Konflikt entwickelt.

Was müsste an dieser Weggabelung passieren, um einen drohenden Konflikt abzuwenden? Richtig: Eine der Parteien müsste einlenken. Das setzt allerdings voraus, dass eine der Parteien keine »Aktien« in der Angelegenheit hat, will sagen, sich in Werten, Selbstverständnis und Interessen nicht beeinträchtig fühlt.

In unserem Fall würde beispielsweise ein Mitarbeiter nachgeben: »Na gut, dann gehe ich eben zu einem anderen Zeitpunkt in Urlaub.« Damit hätte sich das Problem gelöst.

In unserem Beispiel braut sich der Konflikt allerdings weiter zusammen, denn es kommt ein weiterer Faktor hinzu:

- **Das Thema hat für die Beteiligten eine hohe Wichtigkeit.**
  Die ältere Mitarbeiterin A erzählt, das sich in dieser Woche ihre gesamte Großfamilie für ein paar Urlaubstage am Meer trifft. Der junge Mitarbeiter B möchte in dieser Woche mit seinen Freunden einen Trip in die USA machen.

Der fünfte Faktor treibt die Mitarbeiter gnadenlos weiter in Richtung Konflikt:

- **Es bestehen gegenseitige Abhängigkeiten und Handlungsdruck.**
  Würde die Führungskraft nun sagen, »Na gut, dann haben wir halt in dieser Woche keinen Ansprechpartner zu eurem Thema. Muss eben auch mal gehen«, gäbe es weder eine gegenseitige Abhängigkeit noch einen Handlungsdruck. Nehmen wir jedoch einmal an, dass die Führungskraft leider keine Ausnahme machen kann. Eine wichtige Aufgabe muss in dieser Woche erledigt werden.

Was denken Sie? Liegt nun bereits ein Konflikt vor?

Nicht zwangsläufig. Es könnte noch immer sein, dass bislang lediglich ein Problem besteht.

Und zwar dann, wenn die Mitarbeiterin A zu Hause über das Thema etwa folgendermaßen erzählt: »Oh je, meine Teilnahme am Familientreffen ist gefährdet. Mein Kollege möchte nämlich unbedingt in der gleichen Woche mit Freunden in die USA fliegen. Da ist es nun echt schwierig, eine gute Einigung zu finden. Keine Ahnung, wie das gehen soll …«

Und Mitarbeiter B berichtet in etwa so: »Es gibt ein Problem mit meinem Urlaub. Meine Kollegin will genau in der gleichen Woche frei haben. Bei denen trifft sich die ganze Sippe am Meer. Das ist richtig blöd. Wie sollen wir das denn lösen?«

Fällt Ihnen etwas am Ton auf? Klingt relativ gefasst und sachlich, oder? Solange noch der Verstand das Ruder in der Hand hat, liegt es nahe, dass kein Konflikt ausgebrochen ist.

Hören Sie im Vergleich dazu, wie es klingt, wenn bereits ein Konflikt entstanden ist:

Die Mitarbeiterin A erzählt: »Stell dir vor, mein Kollege versucht gerade mit aller Gewalt, seinen Urlaub genau in unsere Familienwoche zu pressen. Er will mit Freunden wegfahren. Da ist kein einziges Schulkind dabei, die sind nicht auf die Schulferien angewiesen. Er ist einfach gnadenlos egoistisch und will mal wieder demonstrieren, wie wichtig er ist. Aber ich werde keinen Millimeter abrücken. Das sehe ich wirklich nicht ein.«

Bei Mitarbeiter B könnte es folgendermaßen klingen: »Die A will mal wieder den Altersbonus ziehen und sich durchsetzen. Völlig klar, dass ihr Urlaub wichtiger ist als meiner. Die kann mich mal, das sehe ich echt nicht ein.«

Wenn wir bei einer solchen Grundstimmung angelangt sind, haben wir bereits einen waschechten Konflikt, denn das wichtigste Kriterium eines Konflikts liegt nun vor:

- **Negative Gefühle gegenüber dem Konfliktpartner sind entstanden.**

Der Unterschied zwischen Problem und Konflikt

Und hier kommen wir zur Unterscheidung von Problem versus Konflikt: Solange keine negativen Gefühle der Beteiligten zueinander entstanden sind, haben wir lediglich ein Problem. Ein Problem liegt auf der Sachebene und lässt sich sachlich lösen. Das können Sie. Probleme bekommen Sie mit Ihren Leuten schon irgendwie in den Griff.

Einem Konflikt hingegen liegt ein emotionaler Aufruhr zugrunde. Selbst wenn es so scheint, als läge dieser auf der Sachebene, findet er seinen Ursprung auf der Gefühls- und/oder Beziehungsebene. Und das ist eine völlig andere Situation, die entsprechend anders zu handhaben ist.

Konfliktmanagement ist deshalb Emotionsmanagement.

Ich möchte Ihnen nicht zu nahe treten. Aber in meinem Beratungsalltag zeigt sich folgendes Problem: Für Emotionsmanagement sind Führungskräfte nicht ausgebildet.

Nachdem die meisten versuchen, Konflikte *über* dem Tisch – in der gewohnten aufrechten Sitzhaltung – sachlich zu klären, verschlimmbessern sie die Situation nur, auch wenn sie sich redlich um eine Lösung bemühen. Der Grund: Sie agieren schlichtweg auf der falschen Ebene, sind in der falschen Haltung unterwegs, bekommen die ursächlichen Aspekte der Störung nicht zu fassen und haben deswegen schlicht und ergreifend keine Chance, Konflikte im Job erfolgreich zu klären und zu lösen. Die investierte Zeit und Energie verpufft als vergebliche Liebesmüh. Das nervt und bringt auch die gelassenste Führungskraft irgendwann an die Grenzen ihrer Geduld. Sie ist mit ihrem Latein am Ende.

Was bringt es mir, wenn ich das weiß?

- Ich kann zwischen Problemen und Konflikten unterscheiden. Ich weiß, dass ich Probleme sachlich klären und lösen kann.
- Ich erkenne, dass es bei der Klärung und Lösung von Konflikten um Emotionsmanagement geht. Dafür bin ich noch nicht ausgebildet. Ich lasse mir in diesem Buch zeigen, wie das geht.
- Ich lenke meine Aufmerksamkeit »unter den Tisch« und reflektiere, was sich auf der Gefühls- und der Beziehungsebene abspielt. Ich weiß, dass gegenseitiger Respekt, Wertschätzung und Kommunikation auf Augenhöhe kein Kann, sondern ein Muss ist – sowohl für mich als auch für meine Mitarbeiter. Im Konfliktfall muss ich das allen Beteiligten erklären und es von ihnen einfordern.
- Bei einer späteren Konfliktdiagnose kann ich mit diesem Wissen identifizieren, wer an welcher Stelle wie und warum einen Blitz auf der Gefühls- und der Beziehungsebene produziert. Ich unterscheide zwischen Ursache und Wirkung und kann daraus eindeutig ableiten, wo ich ansetzen muss: Was muss sich ändern bzw. was muss ich korrigieren?

1.2 Dienst ist Dienst und Schnaps ist Schnaps

Kennen Sie diese Redewendung noch? Sie stammt aus der Zeit, als Berufsleben und Freizeit noch strikt getrennt waren. Man konzentrierte sich während der Arbeit ganz und gar darauf. Um den »Schnaps«, also das Private, kümmerte man sich erst danach. Diese Haltung gilt längst nicht mehr für alle Arbeitnehmer. Die Grenzen zwischen Privat- und Berufsleben verschwimmen zunehmend. Ein Großteil der Berufstätigen ist heute auch außerhalb ihrer Arbeitszeit per Handy oder E-Mail erreichbar. Im Gegenzug sind ein privates Telefonat und Surfen im Internet an den meisten Arbeitsplätzen geduldet. Der Tischkicker im Großraumbüro und der Grill auf der Firmenterrasse sollen Mitarbeiter nicht nur kreativ beflügeln, sondern auch deutlich länger als acht Stunden am Arbeitsplatz halten.

Aber auch das Miteinander unter Kollegen ist kontinuierlich lockerer geworden. Das Du ist zum neuen Sie geworden, Jeans und Turnschuhe haben längst Einzug in die Büroräume gehalten und der Umgangston ist locker. »Ich fühle mich in meiner Firma wie im Dauerskilager«, erzählte einmal ein Berufsanfänger, selbst erstaunt über seinen neuen Arbeitsplatz. Förmliche Barrieren fallen weg, Hierarchien sind flacher, Kreativität, Vertrauen und Gemeinschaftsgefühl können positiv beeinflusst werden.

Hinter all den Vorzügen dieser Entwicklungen verbergen sich jedoch auch einige Gefahren:

- Die Hierarchie wird häufig verschleiert. So entsteht die weit verbreitete, aber irrtümliche Annahme, dass allein abgeflachte Hierarchien die »Machtverhältnisse« verändern. Doch Entscheidungsträger bleiben Entscheidungsträger.
- Manche Mitarbeiter finden die Grenzen ihrer neu gewonnenen Freiheiten nicht mehr und schießen über das Ziel hinaus. Sie haben dabei kein Problembewusstsein.
- Kollegen werden nicht mehr als Kollegen, sondern als Freunde oder Feinde angesehen und entsprechend behandelt. Zu viel private Nähe lädt zu einem lockeren Umgang und vertrauten Austausch ein. Das birgt die Gefahr von Konflikten.
- Mitarbeiter erkennen nicht mehr, dass gute Umgangsformen und ein gutes Sozialverhalten am Arbeitsplatz auch heute noch das A und O für ein harmonisches Miteinander sind. Pünktlichkeit und Rücksichtnahme sind heute nicht mehr selbstverständlich. Das führt häufig zu Reibereien.

Kennen Sie das aus Ihrem Arbeitsalltag?

Diese Täuschungen führen dazu, dass wir etwas Wesentliches aus dem Blick verlieren: Die Beziehungen zu Kollegen, Mitarbeitern und Führungskräften sind keine Privatbeziehungen, sondern Geschäftsbeziehungen.

Geschäftsbeziehungen sind keine Privatbeziehungen

Für Geschäftsbeziehungen gelten andere Regeln. Sie sind nicht freiwillig, sondern notwendig. Das unverzichtbare Plus, also die gegenseitige Wertschätzung und Anerkennung der unterschiedlichen Rollen auf der Gefühls- und der Beziehungsebene, ist fragiler, denn es sind keine Herzensverbindungen. Die folgenden sieben Fakten im Hinblick auf Geschäftsbeziehungen zeigen auf, warum unsere Konflikte im Job nicht auf die gleiche Art gelöst werden können wie im Privaten:

1. Meine Kollegen kann ich mir nicht aussuchen.

Unsere Freunde sind diejenigen auserwählten Personen, für die wir uns aktiv entschieden haben und denen wir vollkommen freiwillig einen Platz in unserem Leben einräumen. Wir mögen und schätzen sie, sie bereichern unser Leben. Unsere Kollegen sind gesetzt. Das Unternehmen besetzt neue Stellen, nicht Kollegen. Ein Kollege ist nicht mein Freund. Ich muss ihn nicht mögen. Es reicht aus, wenn ich konstruktiv mit ihm zusammenarbeite.

2. Mit meinen Kollegen muss ich auskommen.
Haben Sie sich mit einem Freund überworfen, ist es meist sehr einfach, ihm zukünftig aus dem Weg zu gehen. Auf Ihre Party laden Sie ihn nicht mehr ein, und wenn er bei Freunden eingeladen ist, gehen Sie nicht hin. So einfach, so gut. Im Job ist das meist nicht möglich. Sie arbeiten in einem Team, an einem gemeinsamen Projekt, sind auf gegenseitige Informationen und Absprachen angewiesen und teilen dasselbe Büro.

3. Ich brauche eine störungsfreie Beziehungsebene.
Wie wir im vorangegangenen Kapitel gesehen haben, brauchen wir Respekt und gegenseitige Wertschätzung auf der Gefühls- und der Beziehungsebene, um in der Sache konstruktiv zusammenarbeiten zu können. Einen Konflikt mit dem Kollegen können Sie sich im Job nicht erlauben.

4. Meine Kollegen lieben mich nicht.
Es sind »nur« unsere Kollegen – keine Familienmitglieder, keine Freunde. Im Streitfall sind sie weniger tolerant, nachsichtig und versöhnlich. Menschen, die uns lieben und näher kennen, setzen sich auch unter erschwerten Bedingungen mit uns auseinander. Einfach, weil wir ihnen wichtig sind. Sie bemühen sich darum, uns zu verstehen, wollen einen Weg finden, mit uns weiterzugehen. Mit Kollegen ist das anders. Sie erwarten von uns ein professionelles Auftreten – höflich und respektvoll auch unter Druck. Zu Recht, denn im Betrieb haben wir eine andere Rolle als in der Familie und im Freundeskreis.

5. Fehlverhalten lässt sich nicht ungeschehen machen.
Ist es dann trotzdem geschehen, und unter Druck, Stress und in Rage ist uns ein falsches Wort herausgerutscht, haben wir ein Problem. Anders als im Privatleben stehen uns im Job deutlich weniger Versöhnungsmöglichkeiten zur Verfügung. Im Privaten können wir in die Vollen gehen: Wir können flehen, betteln, weinen, umarmen, liebkosen oder Geschenke machen, um den anderen gnädig und versöhnlich zu stimmen. Ein Kollege wird es nicht zulassen, dass wir so nah und persönlich an ihn herantreten.

6. Im Job muss ich Konflikte lösen.
Bei einem privaten Konflikt ist es die freie Entscheidung des Einzelnen, ob er diesen klären oder lösen möchte. Er kann ihn lösen, wenn er will, muss es aber nicht, wenn er nicht will oder sich dazu nicht imstande fühlt. Wer sollte ihn zwingen? So können Konflikte über lange Zeiträume hinweg ungelöst bleiben.

Im Job fordert die Führungskraft ein konstruktives Miteinander in ihrem Verantwortungsbereich ein. Konflikte rauben den Betroffenen Energie und schränken sie dadurch in ihrer Leistungsfähigkeit ein. Die Klärung ist nicht zuletzt auch aus Kostengründen kein Kann, sondern ein Muss. Denn: Weil Konflikte enorm viel Energie kosten, beeinträchtigen sie uns erheblich bei der erfolgreichen Erledigung unserer Aufgaben. Dadurch schaden sie dem Unternehmen wirtschaftlich.

7. Im Job gibt es feste Rahmenbedingungen.
Während wir uns im Privaten innerhalb eines freien, sozialen Raumes bewegen, den wir gemeinsam mit unseren Mitmenschen gestalten, befinden wir uns im Job innerhalb eines vorgegebenen Rahmens: eine feste Unternehmenshierarchie mit klaren Abläufen, Aufgaben, Verhaltensweisen und Normen. Diese Rahmenbedingungen gilt es zu akzeptieren. Wir werden gleich im nächsten Kapitel 1.3. noch näher darauf eingehen.

Fassen wir zusammen: Wir bewegen uns mit unseren Geschäftsbeziehungen beständig auf dünnem Eis. Es bedarf einer hohen Aufmerksamkeit sowie eines kontrollierten Verhaltens, um zu verhindern, dass wir in emotional schwierigen Situationen einbrechen. Sicherlich hat jeder von uns schon einmal erlebt, wie beglückend es ist, mit netten Kollegen zusammenzuarbeiten. Doch leider gibt es immer wieder auch schwierige Kollegen. Auch mit ihnen muss ein konstruktives Zusammenwirken klappen. Sonst können wir auf der Sachebene nicht erfolgreich wirken. Insofern brauchen wir im Job zum Teil ein anderes Verhalten – Professionalität eben.

Das leuchtet mir alles ein, mögen Sie denken, doch sagen Sie das mal meinen Mitarbeitern. Die lassen sich von mir nicht vorschreiben, wie sie sich verhalten sollen.

Meinen Sie etwa so?

Praxisbeispiel 1

Eine junge Mitarbeiterin war sehr verliebt in ihren Kollegen. Ihm schmeichelte ihre Schwärmerei, und er genoss ihre Aufmerksamkeit. Die beiden waren im Job unzertrennlich, traten im Team als vertraute Einheit auf und grenzten sich vom Rest der Gruppe ab. Weil aber der junge Mann nicht frei für eine Beziehung war, kam es zunehmend zu Frust, Verletzung und Enttäuschung bei der jungen Frau. Darüber tauschte sie sich intensiv und offenherzig mit den anderen Kollegen aus. Auf Dauer wurde sie durch ihre extremen Launen und Stimmungsschwankungen immer mehr zu einer Belastung für ihr Umfeld. Im Coaching sensibilisierte ich sie dafür, dass ihr Verhalten zwar privat betrachtet durchaus verständlich, im Job allerdings unpassend ist. Daraufhin meinte sie: »Ich bin eben eine Dramaqueen. Ich bin Single und verbringe täglich 10 Stunden bei der Arbeit. Wann und bei wem soll ich bitte meine Dramaqueen ausleben? Ich habe nur meinen Job. Das müssen die eben aushalten.«

Die Einstellung und das Verhalten von Mitarbeitern bei Bedarf zu korrigieren, ist sicher kein einfacher Job. Da gebe ich Ihnen recht. Bevor Sie schwierige Auseinandersetzungen mit Mitarbeitern führen, brauchen Sie einen stabilen, fundierten, eigenen klaren Orientierungsrahmen, an dem Sie Ihre Überlegungen und Ihr Vorgehen ausrichten. Erst wenn Sie Ihren eigenen Standpunkt klar beziehen können, werden Sie den Argumenten Ihrer Mitarbeiter standhalten und in aller Wertschätzung nachvollziehbar aufzeigen können, worum es Ihnen geht. Wie ein Fels in der Brandung geben Sie dann Orientierung und sicheren Halt im Sturm der Emotionen.

Auf dem richtigen Stuhl Platz nehmen
Als weitere Argumentationshilfe, um für alle Beteiligten eine klare Ordnung für das tägliche Miteinander im Job zu schaffen, empfehle ich als Leitplanken die Arbeit mithilfe von zwei Stühlen:

Stellen Sie sich vor, wir besitzen für die Rolle, die wir im Beruf verkörpern und zum Vergleich für die, die wir im Privaten wahrnehmen, jeweils einen Stuhl. Der eine ist unser Jobstuhl, der andere ist unser Privatstuhl.

Auf dem Privatstuhl können wir nahezu machen, was wir wollen. Wir können herumlümmeln, uns gehen lassen, schimpfen wie ein Rohrspatz, verrückten Hobbys nachgehen, unserem Umfeld unsere Ecken und Kanten zumuten und unsere Gefühle voll ausleben. Das Schöne ist: Jeder von uns hat so einen herrlichen Privatstuhl, auf dem wir frei sind zu tun, was uns beliebt. Als Menschen auf unseren Privatstühlen sind wir alle auf einer Ebene. Keiner von uns sitzt höher oder niedriger als der andere, niemand ist einem anderen hierarchisch über- oder unterstellt. So weit, so gut.

Doch wie sieht es auf unserem Jobstuhl aus? Was kennzeichnet das Sitzen darauf? Nun, das hängt ganz davon ab, welche konkrete Rolle wir in unserem Beruf auszufüllen haben.

Jede Firma definiert die Anforderungen, die ein Mitarbeiter zu erfüllen hat, um die ihm zugedachte Stelle optimal auszufüllen. Lassen Sie uns also einmal gemeinsam unseren gemütlichen Privatstuhl verlassen, um uns auf unseren Jobstuhl zu setzen. Was passiert in so einem Moment?

Wir setzen unsere Kenntnisse und Fähigkeiten ein, um den gestellten Aufgaben im Arbeitsalltag gerecht zu werden. Dabei unterlassen wir besser das lässige Herumlümmeln, das wir uns zu Hause vielleicht guten Gewissens erlauben. Wir passen unser Erscheinungsbild an und tauschen den Jogginganzug gegen den entsprechenden Dresscode. Wie die Anforderungen an den Dresscode sind, hängt natürlich vom Job ab.

Bis hierhin leuchtet das Gesagte den meisten Menschen sofort ein.

Was wir uns aber oft nicht bewusst machen: Es reicht nicht, dass wir der Jobrolle mit unserem äußeren Erscheinungsbild und unseren Kompetenzen gerecht werden; wir müssen dies auch mit unserem persönlichen Verhalten.

Jeder weiß, wie es sich anfühlt, wenn einem mal der Kragen platzt. Und jeder braucht einen Raum, in dem er einfach nur Mensch sein darf, ungeschminkt und geradeheraus. Zeigen wir diese emotionale Reaktion in unserem privaten Umfeld, während wir zu Hause auf unserem Privatstuhl sitzen, wäre das für die meisten von uns absolut verständlich. Mit dem gleichen Verhalten – selbst wenn es menschlich vollkommen verständlich ist – fallen wir auf unserem Jobstuhl jedoch aus der Rolle und werden dieser nicht mehr gerecht.

Praxisbeispiel 2

Der langjährige ältere Mitarbeiter flippt aus, wenn sein junger Praktikant morgens das Büro betritt und, ohne zu fragen, als Erstes das Fenster schließt. Er schreit auf ihn ein und droht ihm mit Konsequenzen, wenn er dies nicht zukünftig unterlässt. Der Praktikant beschwert sich beim Betriebsrat über das Verhalten seines Kollegen.

Praxisbeispiel 3

Der gewissenhafte Mitarbeiter wird aggressiv, wenn sich einer seiner Kollegen, ohne zu fragen, sein Arbeitsmaterial ausleiht und es dann nicht wieder zurückbringt. Er baut sich körperlich vor dem Kollegen auf, warnt ihn davor, das noch einmal zu tun, und droht Konsequenzen an.

Praxisbeispiel 4

Die ältere Mitarbeiterin weist ihre junge Kollegin auf einen Fehler hin. Anschließend hört sie, wie diese einer anderen jungen Kollegin zuraunt: »Von der alten Kuh lass ich mir überhaupt nichts vorschreiben.« Die ältere Mitarbeiterin zieht sich vollkommen zurück und steht auch für Fachfragen nicht mehr zur Verfügung.

Die Beispiele machen deutlich: Bereits eine kleine, unbedachte Aktion, die eher auf den Privatstuhl als auf den Jobstuhl gehört, reicht aus, um aus seiner Jobrolle herauszufallen.

Nun sehen viele Mitarbeiter einen hohen Wert darin, sich vollkommen authentisch zu zeigen. Sie sind stolz auf ihre Offenheit und Ehrlichkeit und benennen es als Stärke, dass sie sehr direkt sind und klar aussprechen, was sie denken. Und ja: Authentizität ist unverzichtbar. Allerdings unter Vorbehalt.

Versuchen Sie es mit bedingter Authentizität
Ich empfehle die bedingte Authentizität. Das heißt, alles, was wir tun und sagen, ist authentisch, doch nicht alles, was authentisch ist, sagen und tun wir. Was nicht auf den Jobstuhl passt, bleibt zu Hause oder wird für den Job richtig »übersetzt«.

Die bedingte Authentizität ermöglicht es uns, uns frei und souverän im Jobkontext zu bewegen, ohne anzuecken. Allerdings ist dafür ein ordentliches Maß an Selbstdisziplin erforderlich, müssen wir doch in der Lage sein, unser Denken, Fühlen und Handeln auch in kritischen Momenten verlässlich unter Kontrolle zu halten. Denn angenommen eine Führungskraft oder ein Mitarbeiter verliert nur ein einziges Mal die Nerven und brüllt einen Kollegen an, so wird er in den Augen des Kollegen fortan der unberechenbare Choleriker sein, bei dem man nie weiß, wann er das nächste Mal ausflippt.

Das mag in Zeiten von Generation Y und Z alles ein wenig verstaubt anmuten, gewinnt aber gerade im Hinblick auf eine Zukunft, in der wir zunehmend international zusammenarbeiten und einander mit unterschiedlichen Werten, Gewohnheiten und Verhaltensweisen begegnen werden, verstärkt an Bedeutung. Beispielsweise wechseln Firmen immer öfter ihre Geschäftssprache ins Englische und gerade dort ist eine für uns ungewöhnlich freundliche Ausdrucksweise gefordert. Wir brauchen – jetzt und in Zukunft – ein paar gemeinsame verbindliche Leitplanken, um ein konstruktives Miteinander dauerhaft sicherzustellen. Ansonsten wird das Miteinander im Büro zu einem Minenfeld, auf dem die Führungskraft schnell handlungsunfähig ist.

PRAXISCHECK

Übung: Welchen Täuschungen unterliegen die Mitarbeiter in den Praxisbeispielen 1 bis 4 in diesem Kapitel? Was gehört jeweils auf den Job- bzw. Privatstuhl?
Die Lösung finden Sie im Anhang.
Anwendung: Überlegen Sie einmal, in welcher Situation am Arbeitsplatz in Ihrem Umfeld jemand mit seinem Verhalten auf seinem Privatstuhl sitzt. Welche Täuschungen können Sie bei einzelnen Mitarbeitern erkennen?

Was bringt es mir, wenn ich das weiß?

- Ich weiß zwischen den Anforderungen auf dem Privatstuhl und den Anforderungen auf dem Jobstuhl zu unterscheiden. Ich kann diesen Unterschied meinen Mitarbeitern erklären.
- Ich muss nicht mehr bewerten, was falsch und richtig ist, sondern kann alles anerkennen und muss nur noch sortieren, was auf welchen Stuhl gehört.
- Bei meiner Konfliktdiagnose kann ich somit identifizieren, wer an welcher Stelle professionelles Verhalten missen lässt. Ich kann daraus ableiten, was ich ändern bzw. korrigieren muss.

1.3 Drei Must-haves für eine konstruktive Zusammenarbeit

Im vorangegangenen Kapitel haben wir sieben Gründe zusammengetragen, warum sich Konflikte im Job von Konflikten im Privaten unterscheiden. Die im siebten Punkt angesprochenen Rahmenbedingungen im Job beziehen sich unter anderem auf die Hierarchie im Unternehmen. Wie bereits angekündigt, wollen wir einen vertiefenden Blick darauf werfen. Ich verspreche Ihnen, dass sich die Mühe lohnt, denn auch hier verbirgt sich wertvolle Klarheit und Ordnung, und wir entdecken häufige Ursachen für zwischenmenschliche Störungen in der Zusammenarbeit.

Damit die Hierarchie im Unternehmen ihren ordnenden Zweck erfüllen kann, kommt es vor allem auf drei Aspekte an. Nur wenn diese Must-haves von allen akzeptiert werden, ist ein reibungsloses Zusammenwirken möglich. Bei Abweichungen sind Konflikte vorprogrammiert. Sehen wir uns diese drei Aspekte einmal genauer an.

Der Mitarbeiter muss sich führen lassen

Zunächst ist es wichtig, sich klar zu machen, dass die Hierarchie im Unternehmen keine natürliche Hierarchie ist, sondern eine künstliche, eine gesetzte Hierarchie.

Es gibt auch natürliche Hierarchien. Das heißt, Menschen folgen freiwillig anderen, wenn diese ihnen das Gefühl geben, dass es für sie Vorteile hat, ihnen zu folgen. Beispielsweise indem sie Schutz oder Orientierung durch eine Führungspersönlichkeit erfahren oder diese sie auf ihrem Weg zu Wachstum und Erfolg voranbringt. In dem Moment, in dem Menschen jedoch feststellen, dass die selbst gewählte Führungspersönlichkeit ihnen nichts bringt, wenden sie sich von der betreffenden Person ab und suchen sich jemand geeigneteren als Vorbild oder Anführer.

So läuft es natürlicherweise – sozusagen in der freien Wildbahn – ab.

Im Unternehmen allerdings nicht: Mitarbeiter können nicht frei wählen, von wem sie sich gern führen lassen möchten. Sie können nicht einfach sagen: Dieser Chef ist großartig, er besitzt so viel Kompetenz und Charisma und hat so eine ansteckende, begeisternde Art, Projekte zum Erfolg zu führen. Dem schließe ich mich gern an und unterstütze beim Erreichen der Ziele.

Klingt toll, wenn Mitarbeiter aus voller Überzeugung und mit ganzem Commitment hinter ihrem Vorgesetzten stehen, oder? So etwas gibt es auch tatsächlich. Allerdings finden sich auch unzählige andere Umstände, in denen Mitarbeiter keineswegs überzeugt von ihrem Vorgesetzten sind. Sie haben dann meist jedoch keine Chance, sich mir nichts, dir nichts abzuwenden und den Dienst zu quittieren. Selbst dann nicht, wenn der Vorgesetzte ihnen – zumindest gefühlt – mehr Nach- als Vorteile einbringt und sie der Meinung sind, dass er seiner Funktion nicht gerecht wird.

Grundsätzlich haben Mitarbeiter die Möglichkeit, ihre Stelle zu kündigen. Doch bevor es so weit kommt, bleibt es selbstverständlich nicht aus, dass Mitarbeiter sich die Frage stellen: Warum hat ausgerechnet dieser Typ diese Führungsrolle inne? Was zeichnet ihn dafür aus? Ob ausgesprochen oder unausgesprochen, schwebt diese Frage immer mit im Raum. Erfüllt jemand seine Rolle mit Bravour, so ist die Frage für alle klar beantwortet. Zeigt er Unzulänglichkeiten, steht er beständig in der Kritik.

Nun ist es ja so: Im Job bekommt der Mitarbeiter einen Vorgesetzten von »oben« vorgesetzt. Die Beurteilung, inwieweit dieser den Anforderungen seiner Position gerecht wird, obliegt zunächst den hierarchisch darüberliegenden Funktionen und nicht den Mitarbeitern. Er ist Teil der Führungsmannschaft, und das Topmanagement hat eigene Vorstellungen davon, mit welchen Qualifikationen es diese Funktion ausstatten will. Hier gibt es nicht selten deutliche Differenzen zwischen den Anforderungen des Topmanagements und den Erwartungen der Mitarbeiter. Nichtsdestotrotz: Mitarbeiter müssen ihren Chef in seiner Führungsrolle akzeptieren und ihm »folgen«.

Ja, in der Theorie klingt das alles schön und richtig, mögen Sie jetzt einwenden, *doch was mache ich mit einem Mitarbeiter, der mich partout nicht als Chef akzeptiert?*

Sie meinen so wie hier?

> **Praxisbeispiel 1**
>
> Der erfahrene Mitarbeiter ist schon lange im Unternehmen und fühlt sich in seiner Position sicher. Er posaunt gern lauthals ein Späßchen über den Gang: »Mir ist es egal, wer unter mir führt.«

> **Praxisbeispiel 2**
>
> Der Vertriebsmitarbeiter kritisiert, dass in seinem Unternehmen laufend umorganisiert wird. Dabei grinst er und meint: »Wir lassen uns davon nicht beeindrucken. Wir machen weiterhin alles so, wie wir es immer schon gemacht haben.«

Drängende Fragen mögen Ihnen dazu unter den Nägeln brennen. Hier bleibt mir nur, Sie um ein wenig Zeit und Geduld zu bitten. Bis zum Ende dieses Buches werden wir diese Fragen beantwortet haben.

Zurück zum Mitarbeiter, der sich führen lassen soll. Das ist natürlich nur die eine Seite der Medaille. Die andere Seite ist, dass er gleichzeitig einen Anspruch auf vernünftige, zeitgemäße Führung mit gutem Stil hat. Diese gilt es als Führungskraft sicherzustellen. Und das ist keine leichte Sache. Die Erwartungen an Führungskräfte sind enorm. Darüber werden wir in Kapitel 2.2. noch staunen.

Die Führungskraft muss professionell führen

Dass sich ein Mitarbeiter gut geführt fühlt, ist durchaus bedeutsam, denn es ist die Voraussetzung dafür, dass er sich mit seinem Engagement und seiner Kompetenz dauerhaft voll und ganz einbringen kann. Und auch wenn Mitarbeiter Führungspositionen nicht besetzen dürfen, sind sie nicht machtlos. In regelmäßigen Mitarbeiterbefragungen sind sie eingeladen, ihrem Vorgesetzten im geschützten Rahmen, also anonym, Feedback zu geben. Damit nehmen sie nicht unerheblichen Einfluss auf den Führungsstil, mit dem sie geführt werden. Und das ist ja auch gut so!

Eine Führungskraft benötigt dafür ein klares Rollenbewusstsein und muss durch ihr Verhalten dieser Rolle und der damit einhergehenden Verantwortung gerecht werden. Sie versteht demnach, was die Mitarbeiter von ihr brauchen, um erfolgreich arbeiten zu können, und stellt den notwendigen Rahmen und Support zur Verfügung.

Häufig bewegt gerade junge Führungskräfte die Frage, wie sie als Vorgesetzter Akzeptanz vom Team erhalten. Der Schlüssel zum Glück ist ein zeitgemäßes Führungsverständnis, gekoppelt mit einem guten Stil. Hierauf kommen wir in Kapitel 2.2 noch näher zu sprechen.

Praxisbeispiel 3

Die erfahrene Mitarbeiterin arbeitet seit vielen Jahren ausgesprochen erfolgreich, praktisch eigenständig wie eine Selbstständige im Unternehmen. Sie arbeitet in Teilzeit, passt ihre Arbeitszeit dem Arbeitsaufkommen an, baut bei Bedarf Überstunden auf und nimmt sich in ruhigeren Zeiten frei. Ihre bisherigen Chefs haben sie sehr geschätzt und frei laufen lassen.

Nun kommt der neue, junge Chef in seine erste Führungsposition. Er beobachtet den freien Umgang der Mitarbeiterin mit ihrer Arbeitszeit. Er wundert sich darüber, dass sie am Montag erscheint, obwohl das eigentlich ihr freier Tag ist. Gleich morgens spricht er sie darauf an und fragt, warum sie hier ist. Die Mitarbeiterin ist irritiert, erklärt und rechtfertigt ihr Verhalten. Wenige Tage später erhält sie vom Chef per EMail eine klare Anweisung, wie sie in Zukunft mit ihrer Arbeitszeit umzugehen habe. Die Mitarbeiterin regt sich derart darüber auf, dass sie zum Betriebsarzt muss, und dieser schickt sie sofort ins Krankenhaus. Die darauffolgenden Wochen verbringt die Mitarbeiterin mit Herzproblemen im Krankenstand.

Die Kollegen müssen sich kollegial verhalten

Innerhalb eines Unternehmenskosmos kommt es nicht nur darauf an, dass das Miteinander zwischen Führungskräften und Mitarbeitern funktioniert. Mindestens ebenso wichtig ist es, dass auch zwischen Kollegen die Richtlinien und Regeln klar sind und eingehalten werden. Weil es immer wieder ein wichtiger Streitpunkt ist: Kollegen haben sich untereinander nichts vorzuschreiben und dürfen sich auch nicht gegenseitig beurteilen. Das ist allein dem Chef vorbehalten. Es ist sein Recht und seine Pflicht, ebenso wie das kollegiale Miteinander in seinem Verantwortungsbereich sicherzustellen.

Praxisbeispiel 4

Eine langjährige, erfahrene Mitarbeiterin war für die Einarbeitung der neuen Kollegin zuständig. Nach Beendigung der Probezeit hört sie jedoch nicht auf, die Arbeit der Kollegin zu kontrollieren und sie auf Flüchtigkeitsfehler hinzuweisen. Die junge Kollegin ist genervt, fühlt sich bevormundet und wendet sich zunehmend von der älteren Kollegin ab. Als sie sich kurz abmeldet, um sich auf einen Kaffee mit einem Kollegen zu treffen, meint die ältere Kollegin: »Kannst du dir das arbeitsmäßig überhaupt leisten?« Die Junge rauscht wutschnaubend ab.

Die Fallbeispiele sprechen eine deutliche Sprache: Im Alltag werden diese ordnenden drei Aspekte nicht immer gelebt. Kein Wunder, dass es zu Unmut im Miteinander kommt.

Wie kann das sein? So unbekannt sind diese Regeln doch nicht, werden Sie sich sagen.

Einen Grund haben wir bereits im vorangegangenen Kapitel kennengelernt: Die aktuellen Entwicklungen führen zu Täuschungen. Sie erinnern sich? Die Hierarchie wird verschleiert, Kollegen werden wie Freunde oder Feinde behandelt, und gute Umgangsformen werden außer Acht gelassen.

Eine weitere Erklärung erhalten wir, indem wir zwischen unserer Absicht und der Wirkung, die wir erzielen, unterscheiden. Mithilfe dieses Modells werden wir versuchen, uns die Fallbeispiele besser zu erklären. Doch lassen Sie mich das Modell zunächst vorstellen.

Absicht ist nicht gleich Wirkung

Wir wollen lernen, zwischen unserer Absicht und unserer Wirkung zu unterscheiden. Sehen wir uns dazu zunächst unser Handeln an:

Wenn wir handeln – also aktiv und bewusst etwas tun –, verfolgen wir damit eine bestimmte Absicht. Das bedeutet, dass wir sowohl wissen, warum wir etwas tun, als auch, weshalb wir es so und nicht anders tun. Wir sind uns also im Klaren über unsere Absicht, und niemand kennt sie besser als wir selbst. Dennoch kommt es gerade in Konfliktsituationen immer wieder vor, dass jemand anderes meint, unsere Absicht besser zu kennen als wir selbst.

Kennen Sie das: Der andere unterstellt uns gewisse Dinge, interpretiert nach eigenem Gutdünken und stellt vielleicht sogar die Glaubwürdigkeit unserer Behauptungen infrage?

Merken Sie, wie Ihnen bereits bei der Erinnerung an einen solchen Fall der Kamm schwillt?

Ganz einfach: Unsere Absicht ist uns klar. Unsere Wirkung aber nicht, denn sie stimmt keineswegs immer mit unserer Absicht überein.

Lassen Sie mich das etwas ausführen: Die meisten von uns wissen, was sie tun, und bei den meisten von uns steckt hinter dem Tun eine gute Absicht: Wir wollen mit unserem Handeln ein legitimes Ziel erreichen. Während wir also aus unserer guten Absicht heraus handeln, erzeugen wir zugleich eine Wirkung. Doch im Gegensatz zu unserer Absicht haben wir zunächst erst einmal keine Ahnung von unserer Wirkung. Denn: Wir können nicht wissen, wie unser Auftreten, unser Verhalten und unser Erscheinungsbild bei anderen Menschen ankommen. Das heißt, wir sind ein Stück weit dem ausgeliefert, wie uns ein anderer wahrnimmt und interpretiert.

Zunächst halten wir fest: Wir haben eine Wirkung, die wir nicht kennen.

Jetzt ist die Frage, wie wir diese Wirkung kennenlernen können.

Der andere kennt sie, könnte man jetzt denken. Er müsste sie uns einfach nur mitteilen, zum Beispiel durch eine ehrliche Rückmeldung.

Gute Idee! Doch leider gibt es eine solche Rückmeldung selten frei Haus, denn die wenigsten von uns sind es gewohnt, anderen ihre Wirkung ehrlich zu spiegeln. Zumal dann nicht, wenn die Wirkung negativ ist. Erschwerend kommt hinzu, dass der Empfänger unserer Wirkung nicht zwischen Wirkung und Absicht unterscheidet. Für ihn ist Wirkung gleich Absicht. Das heißt, er geht automatisch davon aus, dass die Wirkung, die wir bei ihm erzeugen, unserer Absicht entspricht. Doch das ist keineswegs immer der Fall.

Ihr Gegenüber nimmt Sie beispielsweise als arrogant wahr und geht automatisch davon aus, dass Sie es auch sind. Er unterstellt Ihnen also Arroganz als Absicht und Wesenszug und kommt gar nicht auf die Idee, dass Ihre Absicht überhaupt nicht der von ihm wahrgenommenen Wirkung entspricht!

Was können wir also sonst noch tun?

Wir könnten interpretieren. Aus Mimik, Gestik, Tonfall und Wortwahl des anderen Rückschlüsse auf unsere Wirkung ziehen. Aber Vorsicht, kann ich da nur sagen. Denn damit sind wir es, die von der Wirkung des anderen auf uns ausgehen. Wir sind demzufolge ebenfalls gefährdet, den anderen fehlzuinterpretieren.

Besser ist es, konkret nachzufragen und dann gut hinzuhören und ernst zu nehmen, was der andere uns erzählt.

Damit beginnt aber unter Umständen die eigentliche Herausforderung. Wenn wir im Feedback des anderen erkennen, dass unsere Absicht genauso wirkt, wie wir es wollen, ist natürlich alles bestens: Die Kommunikation gelingt auf allen Ebenen, und wir entspannen uns. Die Ampel zeigt Grün und weiter geht's mit der konstruktiven Zusammenarbeit.

Was aber, wenn wir im Feedback des anderen erkennen, dass unsere Wirkung auf unser Gegenüber mit unserer guten Absicht rein gar nichts zu tun hat? Dann ist Absicht nicht gleich Wirkung. Die Ampel auf der Fahrt Richtung konstruktive Zusammenarbeit steht auf Rot, und wir sind regelrecht blockiert.

Warum? Weil wir uns zwangsläufig unverstanden und vielleicht sogar angegriffen fühlen.

Kommt Ihnen das bekannt vor?

Die wenigsten von uns fragen in einem solchen Fall ganz unaufgeregt nach, wie es sein kann, dass wir derart falsch beim anderen rübergekommen sind. Stattdessen kommen den meisten in etwa folgende Gedanken, und zwar unterfüttert mit einer gehörigen Portion Emotion: »Das stimmt doch gar nicht! So ein Schwachsinn! Wie kann der Hampelmann mir so etwas Dummes unterstellen? Der hat ein Problem mit mir. Das war mir ja schon immer klar ...«

Wenn es so weit gekommen ist, ist unsere Kommunikation auf der Gefühls- und der Beziehungsebene zwangsläufig gestört, denn sie wird bestimmt von unseren negativen Emotionen. Diese Ablehnung empfängt unser Gegenüber mit feinen Sensoren und reagiert höchstwahrscheinlich ebenfalls entsprechend negativ. Und ruckzuck sind wir mittendrin in der Konfliktspirale.

Das Problem: Solange wir davon ausgehen, dass unsere gute Absicht beim anderen auch als Wirkung rüberkommt, dies aber mitnichten der Fall ist, erkennen wir das Problem nicht.

Was können wir also tun?

Eines sollte klar sein: Wir dürfen uns keinesfalls auf unserer guten Absicht ausruhen, sondern müssen unsere Wirkung in unser Bewusstsein rücken. Denn: Mit dem Wissen darüber, dass

- wir stets eine Wirkung erzeugen,
- wir nicht wissen, welche Wirkung wir erzeugen,
- wir jederzeit Gefahr laufen, falsch rüberzukommen, und
- wir das nur erfahren, wenn ein anderer es uns gegenüber ausdrückt,

verändert sich unsere Einstellung zu Feedback und Kritik. Spiegelt uns jemand eine negative Wirkung, die wir auf andere haben und die nicht unserer guten Absicht entspricht, ist es schwierig, nachzuvollziehen, was an uns kritisiert wird. Es liegt auf der Hand, dass wir uns unverstanden und angegriffen fühlen.

Der natürliche Impuls ist dann, dem anderen die eigene gute Absicht zu erläutern. Widerstehen Sie diesem Drang jedoch besser. Viel hilfreicher ist es, wenn Sie sich stattdessen darum bemühen zu verstehen, wie und wodurch Sie die falsche Wirkung erzeugt haben, die Ihren Mitarbeitern übel aufstößt.

Und anders herum: Wenn wieder einmal einer Ihrer Mitarbeiter unangenehm auf Sie wirkt, berücksichtigen Sie, dass Sie nicht wissen, ob diese Wirkung seiner Absicht entspricht. Auf diese Weise lernen Sie, zunächst nach der guten Absicht Ihres Mitarbeiters zu suchen und herauszufinden, was hinter einer vielleicht negativen Wirkung steckt. Das hat den Vorteil, dass sich der Mitarbeiter verstanden fühlt. Sie holen ihn sozusagen dort ab, wo er steht, und können ihn von dort aus in eine gewünschte Richtung führen. Wie das gelingt, schauen wir uns in Kapitel 4.2. an.

PRAXISCHECK

Übung: Überlegen Sie zu den obigen Praxisbeispielen einmal, wer welche guten Absichten haben könnte und welche Wirkung er jeweils beim anderen erzeugt.
Welche der drei grundlegenden Must-haves für ein konstruktives Miteinander werden von wem nicht berücksichtigt?
Die Lösung finden Sie im Anhang.
Anwendung: Vergegenwärtigen Sie sich eine Konfliktsituation aus Ihrem Führungsalltag, und überlegen Sie, welche guten Absichten die Beteiligten jeweils haben könnten und welche Wirkung sie jeweils beim anderen erzeugen.
Welche der drei grundlegenden Must-haves werden von wem nicht berücksichtigt?

Was bringt es mir, wenn ich das weiß?

- Bei meiner Konfliktdiagnose kann ich gezielt überprüfen, ob die drei grundlegenden Aspekte für ein konstruktives Miteinander passen oder ob es in einem oder mehreren Aspekten eine Abweichung gibt. Ich kann das Problem orten und erkenne, an welcher Stelle Änderungsbedarf besteht.
- Ich reflektiere, inwieweit ich selbst mit meinem Führungsstil Anteil am Konfliktgeschehen habe.
- Bei identifizierten Abweichungen führe ich mir die Wirkung vor Augen und suche danach gezielt nach der guten Absicht des Mitarbeiters. Stehe ich selbst in der Kritik, vergleiche ich meine gute Absicht aufmerksam mit der mir gespiegelten Wirkung.
- Indem ich die gute Absicht des Mitarbeiters erkenne, kann ich sie im Gespräch benennen. Der Mitarbeiter fühlt sich von mir gesehen und geschätzt. Meine anschließenden Korrekturen werden so auf offenere Ohren stoßen.

1.4 Wenn die Alarmglocken läuten, heißt es handeln

Wir wissen es bereits: Ein Konflikt ist Emotion pur. Konfliktmanagement ist Emotionsmanagement, und dafür sind Führungskräfte nicht ausgebildet. Nun ist es leider so, dass auch die Mitarbeiter nicht gelernt haben, wie sie mit negativen Emotionen bei sich und bei anderen klug umgehen können. Wen wundert es also, dass sie beleidigt schmollen oder zum sturen Esel werden, eine Mauer um sich herum aufbauen und nicht bereit sind nachzugeben, wenn sie jemand auf dem falschen Fuß erwischt? Bestimmt fällt Ihnen der ein oder andere Mitarbeiter dazu ein. Und: Erkennen Sie sich selbst darin?

Im Streit wird es blitzschnell echt und authentisch. Der Unterschied zwischen Privat- und Jobstuhl verschwimmt gänzlich, und das Verhalten der Mitarbeiter passt nicht mehr richtig in den Firmenkontext. Während eines Gefühlsausbruchs ist ein respektvoller, wertschätzender Umgang auf Augenhöhe nicht mehr sicherzustellen, sodass die Gefühls- und die Beziehungsebene zum anderen enorm belastet werden. Klar: Das wirkt sich auf die Sachebene, also auf die Zusammenarbeit mit anderen, aus.

Als Führungskraft erkennen Sie schnell, wenn ein Verhalten nicht mehr in den Arbeitskontext passt. Und auch im Kollegenkreis wird eine übertrieben emotionale Reaktion mit befremdetem Erstaunen registriert. Alle Blicke richten sich nun auf den Chef. Das Team erwartet, dass er angemessen reagiert und klärt. Doch häufig erkennt dieser seinen Handlungsbedarf nicht. Stattdessen appelliert er an den gesunden Menschenverstand der Streithähne und erwartet, dass sie ihren Zwist beilegen und eigenverantwortlich eine Lösung herbeiführen.

Leider gelingt das in den seltensten Fällen. Somit schwelt der Brand unbemerkt weiter. Der Bruch auf der Gefühls- und der Beziehungsebene zeigt zunehmend seine Wirkung. Irgendwann wird der Schwelbrand zu einem lodernden Feuer. Die Führungskraft staunt darüber und kann sich die Heftigkeit nicht erklären. Es entsteht der Eindruck, dass die Streitenden plötzlich spinnen. Der Zusammenhang mit der fehlenden rechtzeitigen Reaktion der Führungskraft wird nicht hergestellt.

Auch wenn es häufig so scheint, als würde ein Konflikt aus dem Nichts entstehen: Jeder Konflikt hat seine Ursache, seine Entwicklungsgeschichte und lässt sich logisch erklären. Diese logische Erklärung brauchen wir als Grundlage für eine angemessene Lösung.

Zurück zum Konfliktgeschehen: Die massiven Auswirkungen einer zwischenmenschlichen Störung auf unser Wohlbefinden und auf unsere Leistungsfähigkeit werden gehörig unterschätzt. Sehen wir uns für ein besseres Verständnis einmal die typischen Reaktionsmuster und Drohgebärden in einem Konflikt an. Bitte denken Sie beim Lesen einerseits über sich selbst nach und parallel dazu über Ihre Mitarbeiter. Nehmen Sie sich Zeit, und lassen Sie die einzelnen Aspekte vertieft auf sich wirken. Prüfen Sie, inwieweit sie diese Reaktionen im Job bereits bei sich oder anderen wahrgenommen haben.

Es ist nämlich so: Nicht wir haben einen Konflikt, sondern der Konflikt hat uns – und macht mit uns, was er will. Er rüttelt und schüttelt unsere Seelenruhe ordentlich durcheinander.

Sehen Sie selbst ...

Typische Reaktionsmuster in einem Konflikt

- **Spontaner Stimmungswandel**
  Ein Konflikt verhagelt uns schlagartig die gute Laune, er vermiest uns den Tag. Waren wir gerade noch gut drauf – offen, fröhlich und entspannt –, so ist es nun, als würde sich eine Wolke vor die Sonne schieben. Es wird augenblicklich kühler und düsterer.
  Tatsächlich verdunkelt sich auch unser Gesichtsausdruck. Die Gesichtsmuskeln frieren ein, der Kiefer verkrampft sich, die Mundwinkel hängen trübe nach unten. Wir werden dabei nicht schöner, sondern unansehnlicher. Die ganze Ausstrahlung verändert sich.

- **Unglaublich viel Aufregung**
  Wir fühlen uns ungerecht behandelt, angegriffen, bloßgestellt, missverstanden, ausgenutzt, nicht gesehen und verkannt, ungeliebt, verurteilt, bedrängt. Wir sind davon überzeugt, dass wir es nicht verdient haben, so behandelt zu werden, und dass der andere nicht das Recht hat, so mit uns umzugehen. Das Ganze regt uns furchtbar auf. Heftige Gefühle kommen in uns hoch: Wut, Ärger, Verzweiflung, Traurigkeit. In diesem aufgewühlten und aufgebrachten Zustand übernehmen unsere Emotionen das Steuer über unser Denken und Handeln. Wir sind nun nicht mehr sachlich, objektiv und logisch, sondern werden persönlich, emotional und subjektiv.
- **Angriff oder Rückzug**
  Wir wollen nicht auf unserem Ärger sitzen bleiben, sondern uns wehren. Wir werden streng und verurteilend. Je nach persönlichem Naturell und je nach Situation explodieren oder implodieren wir.
  Bei einer Explosion wendet sich die Konfliktenergie nach außen. Wir gehen zum Gegenangriff über – mit Worten und Taten. Eine Schimpfkanonade bricht sich Bahn: Mit wortgewandtem, anhaltendem Schimpfen reagieren wir auf den gefühlten Angriff. Wir beschießen den Gegner dabei mit Worten, bis er ganz kleinlaut wird, greifen ihn vor versammelter Mannschaft an. Wir lesen jemandem die Leviten, halten ihm eine Standpauke oder eine Moralpredigt – wir fluchen, klagen an, sind wütend und können dabei durchaus auch laut, unfair und verletzend werden.
  Bei einer Implosion richtet sich die Konfliktenergie nach innen. Wir gehen in den Rückzug und bauen einen Schutzwall um uns auf. Wir wollen uns vor dem »bösen« anderen schützen, verschließen uns und gehen emotional auf Abstand. Wir werden streng und hart, kühl und abweisend. Wir strafen den anderen mit Missgunst, Abweisung, Liebesentzug, zeigen ihm die kalte Schulter.
- **Drohender Imageverlust**
  Wir verlieren nicht nur an äußerer Schönheit und positiver Ausstrahlung, sondern auch an innerer Schönheit und Souveränität. Ein Konflikt bringt unsere dunklen Seiten zum Vorschein. So gesehen macht er uns zu einem »schlechteren« Menschen. Wir fahren unsere Stacheln aus. Wir verlieren unsere innere Ruhe und Gelassenheit und sind stattdessen außer uns. Statt tolerant und wohlwollend zeigen wir uns dem anderen gegenüber stur, bockig, cholerisch, rechthaberisch und aggressiv. Das wird vom Umfeld wahrgenommen.
- **Enormer Kraft- und Energieeinsatz**
  Den ganzen Aufruhr gibt es nicht umsonst. Es ist ein emotionaler Kraftakt, der viel von unserer wertvollen Lebensenergie verbraucht. Das erschöpft uns, zieht uns runter, und am Ende fehlt uns die Muße für die schönen Dinge und Kraftquellen des Lebens. Stattdessen dreht sich das Gedankenkarussell und raubt uns die Ruhe. Auf der Suche nach einer Lösung läuft der Kopf auf Hochtouren.
- **Starke Strahlkraft**
  Auch unbeteiligte Dritte in unserem direkten Umfeld leiden unter den negativen Schwingungen. Sie nehmen die Spannungen wahr, können sie oft jedoch nicht konkret zuordnen und machen sich dann ihr eigenes Bild. Meist ist es für sie kaum möglich, unparteiisch zu

bleiben und sich nicht in den Konflikt hineinziehen zu lassen. Hinzu kommt, dass wir gereizt reagieren und Unschuldige unseren Frust abbekommen.
Von diesem enormen inneren Druck entlasten wir uns bei unseren Vertrauten. Indem wir unser Problem immer wieder ausführlich schildern, lassen wir Dampf ab und holen bei ihnen Verständnis, Bestätigung und Bestärkung für unsere Sicht ein. Über einen längeren Zeitraum kann dies das Familienleben bzw. die Freundschaft erheblich belasten.

- **Unfreiwillige Einschränkungen**
  Allein die Anwesenheit des Konfliktpartners schränkt uns ein. Deswegen meiden wir Situationen, in denen wir dem anderen begegnen könnten. Damit sind wir unfrei. Wir machen unsere Zusage zu einer Einladung, Unternehmung oder einem Projekt davon abhängig, ob der andere auch da sein wird.
- **Erhebliche Langzeitfolgen**
  Auf längere Sicht kann ein Konflikt dramatische Folgen haben. Wir können krank werden, den Spaß an unserer Arbeit verlieren, unseren Lebenspartner, Kinder, Freunde oder Hobbys vernachlässigen und unsere Freude am Leben einbüßen.
  Ein Konflikt hat das Potenzial, uns auf Dauer zu einem unglücklichen, unfreundlichen, unsympathischen, unzufriedenen, ungesunden, sturen und angespannten Menschen zu machen.

Kommt Ihnen das jetzt ein wenig übertrieben vor? Dann bedenken Sie, dass Mitarbeiter sich ungern in ihr Seelenleben hineinschauen lassen. Sie treten nach außen widerspenstig, fordernd, kämpferisch oder trotzig auf und wirken dabei stärker, als sie sind. Ihre tatsächliche Not wird nicht erkannt. Das Leid zeigt sich nur zu Hause im privaten Umfeld. In dieser Hinsicht funktioniert die Trennung zwischen Job- und Privatstuhl noch ganz gut. Denn man will sich schützen.

Lesen Sie im Online-Begleitmaterial zu diesem Buch das bewegende Interview, das ich mit einer Kundin zu ihrem Erleben im Konflikt geführt habe. Sie erhalten einen seltenen, tiefen Einblick, wie belastend Konflikte im Job sein können und welche weitreichenden Folgen sie mit sich bringen. Leider ist die beschriebene Gefühlsintensität nicht die Ausnahme, sondern die Regel. Hinter verschlossenen Türen, im vertraulichen Vier-Augen-Gespräch öffnen sich meine Kunden. Tränen fließen, körperliche, psychische und soziale Symptome werden beschrieben, von Schlaf- und Ratlosigkeit ist die Rede. Der Wunsch nach einer Lösung und die Hoffnung auf Hilfe sind enorm groß.

Doch nicht nur die Betroffenen leiden. Das Umfeld leidet mit. Kollegen werden in Hintergrundgesprächen vertraulich eingeweiht, fühlen mit, ergreifen Partei und wollen dem Betroffenen helfen. Das bringt enorme Unruhe und raubt allen Involvierten wertvolle Zeit und Lebensenergie.

Am allermeisten leidet jedoch die Arbeit. Sie gerät völlig in den Hintergrund. Konfliktkosten lassen sich nur schwer berechnen, doch sie sind enorm. Sehen Sie selbst …

Betrieblicher Schaden von Konflikten	
Verminderung	**Erhöhung**
- Leistung	+ Fehlerhäufigkeit
- Effizienz	+ Doppelarbeiten
- Effektivität	+ Fehlentscheidungen
- Leistungsfähigkeit	+ Kosten
- Leistungsbereitschaft	+ Mehraufwand für gleiche Leistung
- Stimmung	+ Frust
- Betriebsklima	+ Fluktuation
- Umsätze	+ Krankenstand
- Kundenzufriedenheit	+ Kompetenzverlust
- Wettbewerbsfähigkeit	+ Flurfunk
- Erfolg	+ Misstrauen
- Innovationskraft	+ innere Kündigung
- Kreativität	+ Chaos
- Identifikation mit der Firma	+ Erschöpfung und Kraftlosigkeit
- Selbstbewusstsein der MA	+ Fingerpointing
- Disziplin	+ Verzögerungen und Wartezeiten
- Firmenimage	+ Unzufriedenheit
- Bewerbungen	

Abb. 2: Konfliktkosten lassen sich nur schwer in Zahlen erfassen

KONFLIKTLÖSUNG IST CHEFSACHE!

Kommt es nun also zu Konflikten – ganz gleich, ob zwischen Führungskräften und Mitarbeitern oder zwischen Kollegen –, ist es Aufgabe der Führungskraft, diese innerhalb des vorgegebenen Rahmens der Unternehmenshierarchie stellvertretend für die Unternehmensleitung zu bereinigen. In ihrem Verantwortungsbereich ist eine Störung entstanden, die behoben werden muss. Die Alarmglocken läuten und rufen die Führungskraft zum Handeln auf. Leider ist es keine sachliche Störung, für die sie in der Regel ein geregeltes Vorgehen kennt. Nein, sie muss sich nun in unbekanntes Terrain begeben. Sie wissen es bereits: Sie muss unter den Tisch. Wegschauen und hoffen, dass sich alles von allein lösen wird, ist keine sinnvolle Option.

Praxisbeispiel 1

Zwei Gruppenleiterinnen haben einen Konflikt mit der eigenen Vorgesetzten. Sie bitten die Vorgesetzte um ein gemeinsames Klärungsgespräch. Diese lehnt ein Gespräch – auch mit Moderation – konsequent ab. Hintergrund: Sie fühlt sich von den beiden bedrängt und in der Konstellation zwei gegen eins überfordert. Der Konflikt bleibt ungeklärt. Er schwelt weiter und eskaliert zunehmend.

Die Gruppenleiterin A wird krank und fehlt mehrere Wochen. Sie kehrt an den Arbeitsplatz zurück, ohne dass eine Klärung stattgefunden hat. Die beiden Gruppenleiterinnen wenden sich hilfesuchend an den Betriebsrat und an die Personalabteilung. Auch denen gegenüber lehnt die Vorgesetzte wiederholt ihre Teilnahme an einer Konfliktklärung ab.

In der Zwischenzeit kommt eine dritte Gruppenleitung C ins Team. Voller Elan geht sie professionell mit der »schwierigen« Vorgesetzten um. In der Zwischenzeit erkrankt die Gruppenleiterin B. Nach wochenlangem Krankenstand kehrt auch sie ohne Klärung an den Arbeitsplatz zurück. Zunehmend zeigt sich auch die Gruppenleitung C frustriert und erschöpft. Nun wird auch die Vorgesetzte mehrere Monate krank.

Was zeigt uns dieses Praxisbeispiel?

In erster Linie sehen wir hier, welchen beträchtlichen Schaden am Ende alle Konfliktbeteiligten nehmen. Dabei haben wir den sachlichen Schaden im Arbeitsbereich noch gar nicht betrachtet. Der kommt natürlich noch oben drauf. Fakt ist: Wenn ein schwieriger Konflikt nicht geklärt wird, eskaliert er. Meine Erfahrung: Auf Dauer macht ein ungelöster Konflikt alle Parteien krank.

Das Praxisbeispiel zeigt darüber hinaus eindrücklich zwei weitere Aspekte: Zum einen sehen wir, wie langsam die Mühlen im Unternehmen mahlen und wie lange es dauert, bis das Thema bei der richtigen Person – mit entsprechender Entscheidungskompetenz – ankommt. Zum anderen erkennen wir, wie schwer es ist, solch einen Konflikt in die konsequente Erarbeitung einer nachhaltigen Lösung zu bringen und damit den Schaden frühzeitig abzuwenden.

Es ist nicht so, wie es scheint

Wie wir im Kundeninterview, im Praxisbeispiel und auch im weiteren Verlauf immer wieder sehen werden, gelingt es Mitarbeitern nur bedingt, ihre aufgewühlten Gefühle unter Kontrolle zu halten. Denn das kostet dauerhaft Kraft. Versuchen Sie mal, einen Ball beständig unter Wasser zu halten. Irgendwann klappt das nicht mehr, und die Gefühle brechen hervor. Mitarbeiter schreien einander an oder greifen sich im Meeting vor versammelter Mannschaft an à la: »Es kann doch nicht sein, dass du das nicht weißt. So etwas musst du in deiner Funktion einfach wissen!« Sie haben nicht gelernt, unter erschwerten Bedingungen professionell zu bleiben. In einem schwachen Moment geht ihnen der Gaul durch, und sie offenbaren ihr persönliches Konfliktmuster. Sie reagieren aggressiv oder bauen eine Mauer auf. Sie zeigen dabei zwar Emotionen, drücken ihre wahren Gefühle aber nicht unbedingt authentisch aus. Hinter einer Aggression und einer Mauer verbirgt sich meist tieferes Leid. Die Konfliktparteien wollen sich schützen, keine Schwäche zeigen, sich nicht angreifbar machen. Sie verbergen deswegen ihre wahren, verletzten Gefühle hinter einer Fassade und gaukeln Stärke vor.

Das ist grundsätzlich auch gut so. Schließlich sind Sie als Führungskraft weder Psychologe noch Therapeut und wüssten vermutlich auch nicht, wie Sie mit dem tiefen Leid der Betroffenen umgehen sollten. Wertvoll ist jedoch, wenn Sie grundsätzlich von dieser Tiefe wissen und dadurch Ihren dringenden Handlungsbedarf noch einmal konkret vor Augen haben.

Praxisbeispiel 2

Eine Mitarbeiterin aus einem anderen Kulturkreis wird von den Kollegen abgelehnt. Sie fühlt sich zunehmend unwohl und unsicher. Wenn sie morgens das Großraumbüro betritt, grüßt sie nur leise und meidet Blickkontakt. Auf ihr Umfeld wirkt das arrogant, so »als hätte sie es nicht nötig«. Im vertraulichen Gespräch erzählt sie, wie schwer es für sie ist, ins Büro zu gehen, weil sie richtiggehend Angst vor den Kollegen hat. Unter Tränen gesteht sie, dass sie sich bereits einmal im wahrsten Sinne des Wortes »vor Angst in die Hose gemacht hat«.

Vorsicht Täuschung: Der Druck, unter dem die Konfliktbeteiligten stehen, ist meist deutlich größer, als wir ahnen. Wir sollten uns von der Fassade nicht blenden lassen, wenn jemand im Team mit dem Rücken zur Wand steht. Ich erinnere mich an die Aussage eines betroffenen Mitarbeiters. Er meinte: »Frau Wawrzinek, ich mache alles, was sie mir sagen, wenn sie mir nur aus dieser Situation heraushelfen.«

Gehen Sie einfach davon aus, dass es schlimmer sein könnte, als Sie meinen, und packen Sie das Thema beherzt an. Nicht hektisch und schnell, sondern überlegt und konsequent. Beraten Sie sich bei Bedarf mit Ihrem Vorgesetzten, der Personalabteilung, oder ziehen Sie einen externen Berater hinzu.

Vermeiden Sie diese ungünstigen Denkweisen:
- Ich weiß nicht, was ich machen soll.
- Ich habe so viel zu tun, ich komme nicht dazu/verliere es immer wieder aus den Augen.
- Das müssen die untereinander klären. Ich bin nicht deren Therapeut.
- Ich hoffe, das legt sich mit der Zeit.

Nutzen Sie besser diese günstigen Denkweisen:
- Ich sehe, da stimmt etwas nicht, und gehe es an.
- Ich weiß, was ich zu tun habe.
- Ich hole mir Hilfe und lasse mich beraten.
- Ich nehme mir die Zeit, denn es ist wichtig.
- Ich lass erst ab davon, wenn es gelöst ist.

Noch ein Wort zu Mobbing

Bei der Ausgrenzung eines Kollegen muss immer als Erstes geklärt werden, ob es sich um Mobbing handelt. Falls ja, ist die Führungskraft verpflichtet, entschlossen einzugreifen und den betroffenen Mitarbeiter zu schützen. Hierzu gibt es eine eigene Fachlichkeit, die beschreibt, wie konkret vorzugehen ist. Darauf einzugehen würde den Rahmen dieses Buches sprengen. Ich empfehle die Fachliteratur und den Kontakt mit einer Mobbingberatungsstelle.

PRAXISCHECK

Übung: Überlegen Sie, wie sich die Ausgrenzung durch die Kollegen im Praxisbeispiel 2 auf die Mitarbeiterin auswirken könnte.
Die Lösung finden Sie im Anhang.
Anwendung: Führen Sie sich eine Konfliktsituation aus Ihrem Führungsalltag vor Augen, und überlegen Sie, welches Leid sich hinter der Fassade verbergen könnte.

Was bringt es mir, wenn ich das weiß?

- Ich erkenne den Ernst der Lage frühzeitig und weiß, dass ich eingreifen muss.
- Ich weiß, dass ich die Situation nicht allein bewältigen kann bzw. muss. Ich berate mich mit anderen zum Thema und hole mir Unterstützung.
- Ich weiß, dass nicht alles so ist, wie es scheint, und habe eine ungefähre Vorstellung davon, was sich hinter der Fassade meiner betroffenen Mitarbeiter abspielt.
- Ich übernehme die Verantwortung für die Konfliktklärung und lasse nicht eher vom Thema ab, bis ich eine gute Lösung gefunden habe.

2 Das richtige Mindset für die Rolle als Führungskraft

2.1 Sie sind nicht mehr nur Willi, sondern Willi, der Chef

Die Rolle der Führungskraft in einem Unternehmen lässt sich gut mit einem scharfen Küchenmesser vergleichen: Bei sachgerechter Anwendung leistet sie sowohl der Führungsperson selbst als auch ihrem gesamten Verantwortungsbereich wertvolle Dienste. Schnelles, effektives, erfolgreiches Arbeiten mit Spaß und bestem Ergebnis wird möglich. Wie das Küchenmesser birgt Führung bei unsachgemäßer Handhabung allerdings auch die Gefahr, sich selbst und andere nicht unerheblich zu verletzen. Es drohen Missverständnisse, Reibungsverluste, schlechte Ergebnisse und am Ende Frustration auf allen Seiten.

Die Praxis zeigt: Viele Führungskräfte stürzen sich eifrig und mit besten Absichten in ihre Aufgabe und bemerken erst viel zu spät, wenn sie mit ihrem Führungsstil bei den Mitarbeitern anecken. Durch diese zeitliche Verzögerung erkennen sie ihren eigenen Anteil am Problem nicht. Eine Kette von Missverständnissen ist die Folge. Ein Zitat von Johann Wolfgang von Goethe beschreibt dies anschaulich: »Wer das erste Knopfloch verfehlt, kommt mit dem Zuknöpfen nicht zu Rande.«

Denkpause!

Die Ursache unzähliger Konflikte im Job findet sich in einem unreflektierten und/oder falschen Rollenverständnis der Beteiligten. Eine Fehleinschätzung bezüglich der Anforderungen an die eigene Rolle kann sowohl auf Mitarbeiter- als auch auf Führungsebene liegen. Denken Sie nur an die Beispiele aus den Kapiteln 1.2 und 1.3: Die Mitarbeiter geraten alle in einen Konflikt und verstehen nicht, warum. Sie stellen ihr zugrundeliegendes Rollenverständnis nicht infrage.

In meinen Konfliktberatungen orte ich derartige Fehlannahmen, zeige sie auf und erläutere nachvollziehbar, was das Problem daran ist. In Ihrem Führungsalltag fällt *Ihnen* diese Aufgabe zu. Das setzt voraus, dass Sie zuallererst Ihre eigene Führungsrolle vertieft durchdrungen haben. Erst mit dieser eigenen Klarheit gelingt es, mit anderen am Thema Rollenverständnis gewinnbringend zu arbeiten.

Die folgenden fünf zentralen Gegebenheiten prägen die Führungsrolle. Sie entscheiden über die Qualität des Miteinanders zwischen Führungskraft und Team. Ein kleiner Hinweis noch vorab: Es sind keineswegs neue Erkenntnisse. Natürlich wissen wir das irgendwie. Die Hektik des Alltags vernebelt uns die Sicht auf diese fünf Wahrheiten allerdings derart, dass sie uns nicht mehr klar vor Augen sind und ein umsichtiger Umgang mit ihnen nicht stattfindet. Denn häufig sind genau diese Aspekte die Ursache für Störungen in der Zusammenarbeit. Im Sinne von »Vorsorge ist besser als Nachsorge« können Sie diese Fallstricke geschickt umgehen. Falls Sie bereits darüber gestolpert sind, wissen Sie dann zumindest, warum. Sie können die Folgen zuordnen und wissen, was Sie dagegen tun können.

Fünf Wahrheiten über die Rolle der Führungskraft

1. Die Führungskraft ist vor-gesetzt
Wir haben bereits in Kapitel 1.3 darüber gesprochen, dass die Hierarchie im Unternehmen keine natürliche Hierarchie, sondern eine künstliche, gesetzte Hierarchie ist.

Fakt ist: Die Geschäftsführung oder stellvertretend jemand auf der Ihnen übergeordneten Hierarchieebene hat ein klares Anforderungsprofil und einen Auftrag für Sie. Für die Entscheider sind die Rahmenbedingungen dieselben wie bei einer natürlichen Hierarchie. Das heißt, man hat sich freiwillig für Sie entschieden und wird Ihnen den Rücken stärken, solange man den Eindruck hat, dass Sie die richtige Besetzung der Rolle sind.

Auch für Sie selbst handelt es sich um eine freiwillige Sache. Sie haben Lust auf die Aufgabe und eine Vorstellung davon, was Sie wie angehen wollen, was Sie dazu brauchen und wie Sie vorgehen möchten.

> **Praxisbeispiel 1**
>
> Ralf übernimmt erstmalig eine Führungsrolle. Er möchte sich zunächst einen Überblick verschaffen, was seine Mitarbeiter tun. Im Teammeeting bittet er darum, dass er ab sofort bei allen Mails in cc gesetzt wird. Für die Mitarbeiter ist das ein Affront.

Das Problem ist: Für die Mitarbeiter sieht es anders aus. Zugespitzt kann man sagen, dass ihnen ein Chef vor die Nase gesetzt wird. Erst in der gemeinsamen Arbeit werden sie erleben, ob aus dieser Zwangsehe ein harmonisches Miteinander oder aber ein Rosenkrieg entsteht.

Klingt das für Sie übertrieben hart?

In meinen Beratungen erlebe ich häufig, wie furchtbar hart das werden kann. Und zwar für alle Beteiligten. Wir werden im weiteren Verlauf immer wieder Beispiele dafür sehen.

Nun ist es so: Die Mitarbeiter haben ihren eigenen Kopf und eigene Vorstellungen hinsichtlich der Anforderungen an ihre Führungskraft. Aus ihrer Perspektive erscheinen häufig ganz andere Aufgaben für die Führungskraft wesentlich.

Praxisbeispiel 2

Jahrelang hat das Team unter Dr. Hund gearbeitet. Als dieser in den wohlverdienten Ruhestand geht, liegt es für alle auf der Hand, dass Kollege Franz der ideale Nachfolger ist. Er ist erfahren und kompetent, im Team und im Unternehmen beliebt und anerkannt. Er kennt die Zusammenhänge und den Bedarf. Als dann die Entscheidung verkündet wird, dass die Position extern besetzt wird, ist das Entsetzen groß. Niemand versteht, warum man sich entschieden hat, eine junge Frau aus einer vollkommen anderen Branche, ohne Führungserfahrung, die Nachfolge antreten zu lassen.

2. Die Führungskraft ist Projektionsfläche
In dem Moment, in dem Sie sich auf den Jobstuhl setzen, überstrahlt Ihre Führungsrolle die Privatperson. Sie können sich das so vorstellen: Wenn Sie morgens aus dem Haus gehen, verlassen Sie Ihren Privatstuhl. Mit dem Betreten der Firma setzen Sie sich auf den Jobstuhl. Eine weiße Leinwand wird vor Ihnen heruntergelassen. Sie sitzen nun hinter dieser Leinwand. Das bedeutet, Ihr Umfeld interessiert sich nun für Sie in Ihrer Funktion und Rolle und weniger für Sie als Mensch.

Das meint: Sie werden zur Projektionsfläche, auf die Ihre Mitmenschen ihre jeweilige Vorstellung davon werfen, wie Sie sein sollten –mit konkreten Erwartungen an Ihr Auftreten, Ihre Kompetenz, Ihr Handeln, ja sogar Ihr Erscheinungsbild.

In dem Moment, in dem wir also eine Führungsrolle übernehmen, sind wir für unser Umfeld nicht mehr nur Anna Maier oder Willi Berger, sondern wir sind jetzt Anna Maier, die Vorgesetzte, und Willi Berger, der Chef. Es mag wie von vorgestern klingen, doch es ist aktuell wie eh und je: Die Welt blickt anders auf Willi Berger als auf Willi Berger, den Chef.

Praxisbeispiel 3

Im Rahmen einer Konfliktberatung mache ich eine schwierige Mitarbeiterin darauf aufmerksam, dass sie sich gegenüber dem Geschäftsführer respektlos verhalten hat. Daraufhin meint sie: »Das stimmt schon. Aber das passiert mir nur, weil er sich nicht wie ein Geschäftsführer verhält. Er tritt immer wie mein bester Kumpel auf.«

Wie blickt Ihr Team auf Sie? Was erwarten Ihre Mitarbeiter von Ihnen?

Ganz einfach: professionelles Führungsverhalten mit gutem Stil. Sie fragen sich, was genau darunter zu verstehen ist? Das verrate ich Ihnen gern im nächsten Kapitel.

Eine typische Konfliktfalle: »Ich habe hohe Erwartungen an eine Führungskraft. Sie verdient schließlich auch mehr« ist eine weitverbreitete Einstellung bei Mitarbeitern.

3. Führung beinhaltet Macht über andere
Mit der Übernahme einer Führungsaufgabe treten Sie aus der breiten Masse der Mitarbeiterschaft heraus und werden zum Mitglied der Führungsmannschaft.

Fakt ist: Sie sind nicht mehr nur verantwortlich für Ihre eigenen Geschicke, sondern für die eines gesamten Teams oder Bereichs. Sie genießen das Vertrauen der Geschäftsführung, erhalten Zugang zu strategischen Überlegungen, gestalten Entscheidungen mit und sind mit Befugnissen und Macht ausgestattet.

Eine Führungsposition ist eine Auszeichnung, auf die Sie stolz sein dürfen, denn aufgrund Ihrer besonderen Fähigkeiten und Ihrer Persönlichkeit hat man Ihnen diese Rolle zu- und anvertraut. Die Geschäftsführung braucht Sie folglich und zählt auf Ihre Unterstützung. Sonst wären Sie nicht da, wo Sie sind.

Damit wir uns richtig verstehen: Ich möchte Sie nicht bauchpinseln oder Ihre Eitelkeit nähren. Vielmehr geht es mir darum, den Wert und die Bedeutung Ihrer Rolle bzw. Funktion herauszustellen.

Ihre Mitarbeiter brauchen Sie ebenfalls. Das Problem: In deren Augen müssen Sie sich erst noch bewähren und der Rolle würdig erweisen. Einerseits hoffen die Mitarbeiter, dass Sie hilfreich sein werden, sie fördern und unterstützen. Werden Sie im Alltag so wahrgenommen, erhalten Sie die Zustimmung des Teams dafür, dass Sie auserwählt wurden. Ein Plus auf der Gefühls- und der Beziehungsebene entsteht, und Vertrauen wächst. Werden Sie dagegen nicht als hilfreich und unterstützend wahrgenommen, entstehen Unmut und Unverständnis. Mitarbeiter befürchten, dass Sie ihnen und dem Bereich im Zweifel schaden.

Die verliehene Macht steht dann wie eine unsichtbare Wand zwischen Ihnen und Ihrem Team. Es gibt Ausnahmen, aber die meisten Mitarbeiter verhalten sich bei Diskrepanzen der Führungskraft gegenüber bedeckt und wachsam. Der Austausch findet dann nicht im direkten Gespräch mit Ihnen statt, sondern unter den Kollegen, hinter Ihrem Rücken. Das vernebelt Ihre Wahrnehmung und erschwert es Ihnen, eine Störung zu erkennen und ein klares Bild zu gewinnen.

Machen Sie sich bitte Folgendes klar: Auch ohne dass Sie sichtbare Sterne auf der Schulter tragen, wirkt die Herausstellung auf Ihr Umfeld – darauf können Sie sich verlassen. Egal ob Sie in einem Meeting sitzen oder sich auf dem Weg zur Toilette befinden, Sie sollten jederzeit dem Image Ihrer Rolle entsprechen.

Praxisbeispiel 4

Ein Mitglied der Geschäftsführung macht auf der Weihnachtsfeier im angetrunkenen Zustand einige Frauen sexistisch an. Die Aufregung in der Mitarbeiterschaft ist groß.

Eine typische Konfliktfalle: Eine Führungskraft reflektierte ihren Umgang mit der ihr verliehenen Macht einmal folgendermaßen: »Ich sehe jetzt, dass ich mich von der Macht verführen ließ. Ich war irgendwie wie in einem Rausch und habe die Mitarbeiter alle für Idioten gehalten.«

4. Führung trifft auf Historie
Wenn Sie einen neuen Verantwortungsbereich übernehmen, so ist dieser nur für Sie neu. Ihre Mitarbeiter befinden sich in einem »running system«. Jeder Einzelne im Team hat seine eigene Geschichte im Unternehmen geschrieben. Diese hat ihn geprägt und erklärt sein aktuelles Verhalten. Im Laufe der Jahre haben Mitarbeiter Gewohnheiten entwickelt, die selbstverständlich geworden sind und nicht mehr hinterfragt werden. Erinnern Sie sich an die Praxisbeispiele aus Kapitel 1.3: der erfahrene Mitarbeiter, der sich in seiner Position sicher fühlt; der Vertriebsmitarbeiter, der sich von ständigen Reorganisationen im Unternehmen nicht beeindrucken lässt; die langjährige Mitarbeiterin, die wie eine Selbstständige im Unternehmen agiert; die erfahrene Mitarbeiterin, die ihre Kollegin auch nach Beendigung ihrer Probezeit weiter kontrolliert?

Fakt ist: Die Historie einer Abteilung muss gesehen, verstanden und gewürdigt werden. Schließlich verbergen sich dahinter der Arbeitsschweiß und das Herzblut Ihrer Mitarbeiter aus den vergangenen Jahren. Und selbst wenn das Team mit seiner Performance aktuell nicht gut dasteht, heißt das nicht, dass die Menschen darin keine gute Arbeit geleistet haben. Man kann guten Gewissens davon ausgehen, dass in einem solchen Fall alle wissen, dass sich etwas ändern muss, und bereit sind, neue Wege mitzugehen.

Häufig wirkt das anders. Dann stecken häufig vergangene oder gegenwärtige Missverständnisse, Ungerechtigkeiten oder Verletzungen dahinter. Oder die forsche Herangehensweise der neuen Führungskraft.

Das Problem ist: Führung ist keine Fachaufgabe. Sie haben zwar eine Zielvereinbarung mit Ihren Auftraggebern und ein Team, mit dem Sie gemeinsam sportliche Ziele erreichen wollen. Doch bevor Sie loslegen können, gilt es, die Menschen für sich und die gesetzten Ziele zu gewinnen, ihre Erfahrungen und ihr Wissen einzubeziehen, die Historie zu würdigen und das Commitment der Mitarbeiter für die gemeinsame Reise einzuholen.

Praxisbeispiel 5

Stefan übernimmt einen Bereich mit vierzig Mitarbeitern und fünf Gruppenleitern. Nach Absprache mit den Gruppenleitern bittet er alle Teams, dass er zum Start jeweils zwei Tage Praktikant bei ihnen sein darf. Er lässt sich alles zeigen und erklären, arbeitet mit, interessiert sich für die Herausforderungen, Hoffnungen und Nöte der Mitarbeiter. Es stellt viele Fragen und hört aufmerksam zu. Die Mitarbeiter sind von ihm begeistert.

Geht doch!

Gehen Sie stattdessen zu forsch und selbstbewusst an die Sache heran, werden Sie zu dem sprichwörtlichen neuen Besen, der bekanntlich gut kehrt. Mein Beratungsalltag zeigt, dass solche Führungskräfte letzten Endes am Widerstand des Teams scheitern. Denn: Man kann ein Team nicht gegen seinen Willen führen. Das funktioniert nur kurzfristig unter Einsatz von Druck und Machtmitteln.

Es geht nur gemeinsam. Und das ist auch gut so.

Praxisbeispiel 6

Der neue Geschäftsführer möchte das Unternehmen verändern. Er bemerkt, dass sein Vorhaben an den Widerständen der Mitarbeiter scheitern könnte. Auf einer Mitarbeiterversammlung sagt er: »Am liebsten würde ich euch allen kündigen und mir junge, motivierte Leute vom Markt holen.« Ein Aufschrei geht durch die Mitarbeiterschaft.

5. Führungsstile entwickeln sich weiter

Kommen wir last but not least zur fünften Gegebenheit. Das Verständnis von professioneller Führung in einem Unternehmen ist *nicht statisch*. Es befindet sich vielmehr in einem kontinuierlichen Entwicklungsprozess, analog zum gesellschaftlichen Wandel und den Anforderungen der Arbeitswelt. Wie bereits angesprochen: Wir befinden uns in einer Zeit großer Umwälzungen. In Kapitel 1.2 haben wir beispielsweise gesehen, wie die Grenzen zwischen Privat- und Berufsleben zunehmend schwinden. Infolgedessen müssen auch die vorgestellten fünf Gegebenheiten sowie das Rollenverständnis, das ich im folgenden Kapitel genauer erläutere, immer wieder aktualisiert werden.

In Fachkreisen werden seit langem die zukünftigen Anforderungen an Führungskräfte unter dem Begriff »Führung 4.0« theoretisch diskutiert und beschrieben. Die Umsetzung in der Praxis schreitet in unterschiedlicher Geschwindigkeit voran. Viele Unternehmen sind darum bemüht, ihre Führungskräfte auf die künftigen Führungsaufgaben vorzubereiten. Agiles Arbeiten, Digitalisierung, neue Teamstrukturen und Projektarbeit prägen den Arbeitsalltag. Ständige Veränderungen und wachsende Komplexität erfordern von den Mitarbeitern ein deutlich höheres Maß an Selbststeuerung sowie die Bereitschaft, sich weiterzuentwickeln. Der demografische Wandel lässt den Mitarbeiter zur wertvollsten Ressource werden, die gewonnen und ans Unternehmen gebunden werden soll.

Fakt ist: Die Haltung »Ich führe und bestimme« ist in diesem Kontext seit Langem Schnee von gestern. Ein wertschätzender Umgang auf Augenhöhe, Kommunikationsstärke und Einbeziehung des Teams, wo immer es möglich ist, sind die heutigen Erfolgsfaktoren der Führungsarbeit.

Das Problem dabei: Erfahrene Führungskräfte haben ihren Stil über Jahre hinweg entwickelt und hinterfragen ihn nicht mehr. Junge Führungsanfänger orientieren sich am Vorbild ihres Vorgesetzten und schauen sich dort häufig einen überholten Führungsstil ab. Mitarbeiter nehmen mit feinen Antennen das Selbstverständnis eines Chefs »unter dem Tisch« wahr und reagieren empfindlich auf unangemessenes oder häufig auch einfach ungeschicktes Verhalten. Das führt zu enormen Verwerfungen. Für die Führungskraft erscheinen die Mitarbeiter schwierig und renitent. Sie kommen nicht auf die Idee, die Ursache im eigenen Verhalten zu suchen.

Praxisbeispiel 7

Max ist Führungsanfänger. In seinem Team ist eine ältere, erfahrene Mitarbeiterin, von der er sich in seiner Rolle nicht ernst genommen fühlt. Immer wieder fühlt er sich von ihr vor versammelter Mannschaft bloßgestellt. Sie zweifelt seine Kompetenz an und kritisiert seinen Führungsstil. Ratsuchend wendet er sich an seinen Chef, einen alten Führungshasen, der ihm Tipps gibt, wie er sich wehren und die renitente Mitarbeiterin in den Griff bekommen kann. Er ist im Unternehmen bekannt für sein diktatorisches Auftreten. Was lernt Max wohl von ihm?

PRAXISCHECK

Übung: Bitte analysieren Sie die Fallbeispiele 1 bis 4 unter Einbeziehung der bisherigen Erkenntnisse (Konflikt versus Problem, Absicht und Wirkung, Privat- und Jobstuhl, bedingte Authentizität, guter Stil ...)
Die Lösung finden Sie im Anhang.
Selbstreflexion: Was meinen Sie: Erklärt es sich für Ihr Team logisch, warum ausgerechnet Sie die Führungsposition erhalten haben?
Welche Erwartungen bzw. Befürchtungen haben Ihre Mitarbeiter an die Zusammenarbeit mit Ihnen?

Was bringt es mir, wenn ich das weiß?

Aus den fünf Gegebenheiten lassen sich fünf Notwendigkeiten ableiten:

- Bevor ich loslegen kann, muss ich das Team für mich und die Ziele gewinnen. Ich brauche dessen Akzeptanz und Commitment.
- Nur wenn ich beständig einen guten Stil im Umgang mit den Mitarbeitern pflege, bin ich auf der sicheren Seite und laufe nicht Gefahr, unwillentlich Widerstand und Konflikte hervorzurufen. Ich bin mir darüber bewusst, dass ich deswegen im Job lediglich *bedingt* authentisch sein kann.

- Ich berücksichtige, dass meine Macht wirkt und zwischen mir und meinen Mitarbeitern steht. Die Situationen sind dadurch für mich vernebelt und nicht immer klar einschätzbar. Mit einem guten Stil bin ich aber immer auf der richtigen Seite.
- Ich weiß, dass ich meine Führungsaufgabe nicht wie eine Fachaufgabe angehen kann. Ich interessiere mich für die Historie meines Teams, versuche diese zu verstehen und zeige für alle spürbar, dass ich die Leistungen der Vergangenheit wertschätze. Ich realisiere, wo die Mitarbeiter stehen, bewege mich auf sie zu, hole sie bei ihrem Wissen, ihren Erfahrungen, ihren Hoffnungen, Sorgen und Nöten ab und lade sie auf eine gemeinsame Reise ein.
- Ich habe auf dem Radar, dass sich Führung kontinuierlich weiterentwickelt. Um die Entwicklungen mitzubekommen, bilde ich mich laufend weiter und reflektiere mein Handeln.

2.2 Führungskraft – die eierlegende Wollmilchsau

Im vorangegangenen Kapitel habe ich Ihnen versprochen aufzuzeigen, was ich unter professionellem Führungsverhalten mit gutem Stil verstehe. Dieses Versprechen möchte ich nun einlösen.

Sie fragen sich vielleicht, woher ich das weiß?

Nein, ich habe dazu keine Benimm-Fibeln studiert oder neue Knigge-Regeln erfunden. Stattdessen habe ich aufmerksam beobachtet, zugehört, gesammelt, strukturiert und Essenzen herausgefiltert. Sie erhalten also keinen willkürlichen Katalog von Verhaltensregeln. Sie erhalten das, was mehr als tausend Mitarbeiter in meinen Beratungen entweder bei ihren Chefs vermisst oder als Erwartungen für ein konstruktives Miteinander an ihre Chefs formuliert haben. Praxis pur also, die sich als wirksam und hilfreich erwiesen hat, steckt in den folgenden Modellen. Dank meiner Kunden, die diese Eigenschaften und Verhaltensweisen hundertfach angewandt und auf ihre Praxistauglichkeit überprüft haben, kann ich Ihnen nun dieses Wissen zur Verfügung stellen. Es soll uns als Referenzrahmen für Führungsverhaltensweisen dienen.

Was einen guten Führungsstil ausmacht

Die Facetten des guten Führungsstils lassen sich in vier Kernbereichen zusammenfassen, die ich mit den folgenden Attributen beschreibe:

- reflektierend und rollenkonform
- wertschätzend und persönlich
- präsent und handelnd
- verbindend und steuernd

Sofern Sie diese Aspekte leben, können Sie sich eines professionellen und guten Führungsstils sicher sein, den nicht nur Ihr Team schätzen wird, sondern auch die Geschäftsführung, denn mit diesem Stil tragen Sie entscheidend zum Unternehmenserfolg bei. Und nur noch einmal zur Erinnerung: Es geht nicht darum, ob Sie in guter Absicht handeln, sondern darum, dass bei Ihren Mitarbeitern auch die gewünschte Wirkung ankommt.

reflektierend & rollen-konform	• stellt sich in den Dienst der Sache • geht mit Macht achtsam um • ist beständig freundlich • hat und entscheidet mit Anstand • zeigt gutes Benehmen • bewahrt einen kühlen Kopf • ist souverän und sicher • stellt auch das eigene Verhalten auf den Prüfstand • kann Fehler zugeben • strebt nach Verbesserungen	• beachtet alle Mitarbeiter gleichermaßen, unabhängig von persönlicher Sympathie/Hierarchie • ist fair und konstruktiv • ist kooperativ • ist hilfsbereit und kann Hilfe erbitten/annehmen • kommuniziert auf Augenhöhe • verfügt über eine sehr gute Impulskontrolle • spricht rechtzeitig und klar an, wenn etwas stört • erkennt den Menschen im Mitarbeiter • hat eine gute Herzensbildung	**wert-schätzend & persönlich**
präsent & handelnd	• ist greifbar • hat ein offenes Ohr • etabliert klare, sinnvolle Regeln, die sie selbst einhält und einfordert • delegiert, hat die Verantwortungsbereiche aber klar definiert • weiß, was in ihrem Bereich los ist und wo die Mitarbeiter stehen • ist praxisnah, aktiv und »hands-on«	• hört aufmerksam zu und stellt Fragen: Verstehen ist oberste Maxime • ist angenehm in der Zusammenarbeit und konstruktiv fordernd • informiert/bezieht ein, zeigt Hintergründe und Zusammenhänge auf • führt vorausschauend • greift rechtzeitig ein • kann delegieren und entwickelt ihre Mitarbeiter weiter • hat klare Ziele und immer einen Plan	**verbindend & steuernd**

Abb. 3: Die Facetten des guten Führungsstils

Bei der Vielzahl der Anforderungen wird klar, dass eine unreflektierte Haltung nach dem Motto »Ich bin, wie ich bin, und bleibe einfach authentisch« nicht ausreicht. Damit werden wir uns in Kapitel 2.3 noch ausführlicher beschäftigen.

Erinnern Sie sich an den Hinweis in Kapitel 1.3: Lernen Sie, in Wirkung zu denken! Wir brauchen die Rückmeldung unserer Mitarbeiter, um einschätzen zu können, welche Wirkung wir auf andere haben. Ein hilfreiches Instrument hierzu finden Sie in der Tabelle in Kapitel 7. Dort werden die Merkmale aus Abbildung 3 in einer Gegenüberstellung von gutem Stil und schlechtem Stil noch einmal konkretisiert. Sie können damit zunächst eine Selbsteinschätzung vornehmen und sich im nächsten Schritt Fremdbilder einholen. Damit sollte es Ihnen möglich sein, mehr über Ihre Wirkung zu erfahren.

Sollten Sie bereits bei dieser Übersicht stöhnen und sich leise Zweifel in Ihnen regen, ob Sie das alles nachhaltig sicherstellen können, dann schnallen Sie sich jetzt besser an. Im nächsten Schritt sehen wir uns die Führungsaufgabe noch aus drei weiteren Perspektiven an. Zunehmend wird klar, dass in diesem gezeichneten Idealbild mit allen Facetten eine eierlegende Wollmilchsau gesucht wird. Kein Mensch ist so perfekt, dass er alle diese Anforderungen tagein, tagaus – auch unter Druck – komplett bedienen könnte. Wenn man dann noch bedenkt, dass laut Studien Konfliktregelungen Führungskräfte etwa 30 Prozent ihrer Arbeitszeit kosten, versteht man, dass Konflikte im Alltag häufig ganz pragmatisch unter den Teppich gekehrt werden. Denn es fehlt nicht nur an der Kompetenz, mit emotionalen Turbulenzen umzugehen, wie in Kapitel 1.1 angesprochen, sondern definitiv auch an der notwendigen Zeit und Energie.

Diese Multidimensionalität erlebe ich jeden Tag. Doch was hat es für einen Sinn, sich die vielen Facetten der Führungsaufgabe vor Augen zu führen, wenn sie eh niemand umsetzen kann, werden Sie fragen. *Das frustriert doch nur und ändert nichts an dem Druck, dem Führungskräfte ausgesetzt sind.*

Als ich das erste Mal erklärte, dass man sich die Führungsaufgabe am besten als ein Puzzle vorstellt, das aus 2.000 Teilen besteht, korrigierte mich ein Geschäftsführer spontan: »Das sind nicht 2.000 Teile. Das sind 20.000 Teile!« Kann sein. Ich bleibe bei 2.000 Teilen, denn das reicht vollkommen aus, um uns die Komplexität zu vergegenwärtigen. Wussten Sie, dass die meisten Führungskräfte erleichtert reagieren, wenn sie erkennen, dass sie mit ihren Problemen nicht allein sind? Einfach weil es allen Führungskräften so geht? Was macht das mit Ihnen?

Führungsaufgaben
Führen wir uns zunächst vor Augen, welches Aufgabenspektrum Führungskräfte tagtäglich zu bewältigen haben. Wir unterschieden zwischen Fach-, Leitungs- und Führungsaufgaben.

Sie haben:

- **Fachaufgaben**
  Wie der Name schon sagt, sind das all die Arbeiten, die das Fachgebiet, also das Kerngeschäft, betreffen. Um sie auszuüben, muss man nicht Chef sein. Vielmehr sind fachliche Kompetenz, Methodenkompetenz und je nach Schwierigkeitsgrad der Aufgabe auch Berufserfahrung gefordert.
- **Leitungsaufgaben**
  Das sind steuernde, aufgabenbezogene Tätigkeiten, die dem Managementkreislauf entsprechen. Sie beinhalten das Setzen strategischer Ziele, das Treffen klarer Entscheidungen

und die Planung und Steuerung der Durchführung unter Berücksichtigung der vorhandenen Ressourcen.

- **Führungsaufgaben**
  Das sind alle mitarbeiterbezogenen Tätigkeiten wie Mitarbeitergespräche jeglicher Art, Lob, Kritik, Feedback, der Umgang mit persönlichen Problemen der Mitarbeiter, Leistungsbewertung, fachliche und persönliche Entwicklung, Gehaltsentwicklung, individuelles Coaching und Teamführung.

Alle diese Aufgaben sind herausfordernd, komplex und wichtig. Alle müssen erledigt werden. Das Dilemma dabei: Die Zeit reicht nie für alles. Dann stellt sich die Gretchenfrage: Wie sollen Sie das alles unter einen Hut bekommen?

Was meinen Sie? Was können Sie am ehesten delegieren?

Die Fachaufgabe können Sie zur Not delegieren. Bei den Leitungsaufgaben können Sie sich teilweise zuarbeiten lassen. Doch die Führungsaufgaben können nur Sie persönlich wahrnehmen. Sie sind nicht delegierbar. Bedienen Sie diese nicht, findet Führung schlicht und ergreifend nicht statt.

Führungsrollen
Auf dieser Grundlage können wir noch näher an Ihr Aufgabenfeld heranzoomen und uns eine weitere Betrachtungsweise ansehen, was Sie als Führungskraft zu meistern haben.

Lassen Sie uns einen Blick darauf werfen:

- **Die Führungskraft als Unternehmer**
  Sie sind voll verantwortlich für Ihren Bereich. Unter Einbeziehung aller Fähigkeiten Ihrer Mitarbeiter planen, entscheiden, verhandeln, delegieren und kontrollieren Sie. Gemeinsam mit Ihrem Team verbessern Sie Prozesse, steigern die Effizienz, sichern den Erfolg und führen Innovationen ein.
- **Die Führungskraft als Dienstleister der Mitarbeiter**
  Sie stellen sicher, dass Ihre Mitarbeiter alles haben, was sie brauchen, um erfolgreich arbeiten zu können. Die Mitarbeiter haben ein Recht auf Informationen, Orientierung, Klarheit, Strategie, Ziele. Aber auch auf vernünftige Werkzeuge und Arbeitsbedingungen. Auch die Sicherstellung eines realistischen Arbeitspensums zum Erhalt von Gesundheit und Leistungsfähigkeit sowie Ihre gesetzliche Fürsorgepflicht gegenüber Ihren Mitarbeitern gehören hierzu.
- **Die Führungskraft als Krisenmanager**
  Sie sind immer gefordert, wenn etwas nicht rund läuft. Dabei müssen Sie vorausschauend handeln und rechtzeitig reagieren. Wenden sich Mitarbeiter mit Problemen an Sie, brauchen sie Ihre Hilfe. Denn: Könnten sie die Probleme selbst lösen, kämen sie damit nicht zu Ihnen. Um was für ein Problem es auch geht: Sie sind am Zug. Nach Bedarf moderierend,

trainierend, klärend oder entscheidend – als Führungskraft stehen Sie in der Verantwortung, dass eine Lösung gefunden wird.

- **Die Führungskraft als Personalentwickler**
  Sie sind der Personalentwickler Ihrer Mitarbeiter direkt vor Ort. Sie coachen und trainieren den Einzelnen und das Team. Sie beobachten und bewerten Ihre Leute, Sie loben, kritisieren, geben Feedback und führen Entwicklungsgespräche. Über allem steht das oft zitierte Fördern und Fordern. Eine besondere Herausforderung dieses Aufgabenfeldes ist es, Fairness zu praktizieren. Dazu müssen Sie in der Lage sein, Menschen, ihre Potenziale und ihre Entwicklungswünsche umfassend wahrzunehmen. Und zwar unabhängig von Ihren persönlichen Sympathien und Vorlieben.
- **Die Führungskraft als Mensch**
  Oft sind Sie einfach »nur« als Mensch gefragt. Besonders dann, wenn private Themen ins Berufsleben hinüberschwappen. Dazu gehören Probleme im nahen Umfeld Ihrer Mitarbeiter wie Schicksalsschläge, Krankheit, Tod, Scheidung oder finanzielle Sorgen. Diese können Mitarbeiter zeitweilig in ihrer Leistungsfähigkeit einschränken. Gerade in Zeiten persönlicher Not zeigen Sie, ob Sie in Ihrem Mitarbeiter nur eine Ressource sehen, oder den Menschen in ihm erkennen und ihm entsprechend Rückhalt und Schutz gewähren. Denn genau das sichert wiederum eine nachhaltig gute und erfolgreiche Zusammenarbeit.

Führungsqualitäten

Wenn Sie dachten, dass Sie ein umfassendes Bild von der Führungsrolle gewonnen haben, muss ich Sie enttäuschen. Zu den Aufgaben und den Facetten Ihrer Rolle kommen auch noch verschiedene Qualitäten hinzu, die Sie zu bedienen haben. Und hier wird es für den ein oder anderen erst richtig kompliziert. Denn es gilt zu erspüren, welche Situation welche Qualität bzw. welches Auftreten von Ihnen verlangt:

- mal kooperativ und offen
- mal bestimmend und klar
- mal verständnisvoll und menschlich

Nicht alle diese Qualitäten liegen uns gleich gut. Jeder hat persönliche Stärken sowie Stellen, an denen noch Luft nach oben besteht. Hand aufs Herz: Da wird es bei jedem von uns einige geben. Inzwischen sollte klar geworden sein, dass dies weder eine Schande noch eine Katastrophe ist. Sie geben täglich vollen Einsatz und wuppen ungemein viel. Sie haben sich sicherlich nichts vorzuwerfen. Gleichzeitig: Wo gehobelt wird, da fallen Späne. Das weiß jedes Kind.

Achtung: Führungs-Gap!

Nun ist es wichtig zu verstehen, dass an den Stellen, an denen Sie Ihre Funktion nicht ausüben, eine Lücke entsteht – ein Führungs-Gap. Dann kommt es zu einem Effekt, den Sie vielleicht nicht kennen und von dem ich berichten kann: Es gibt immer Mitarbeiter, die sich so verantwortlich für die Performance im Team fühlen, dass sie in der Not für Sie einspringen. In guter Absicht. Doch sie nehmen dabei erheblich Schaden. Sie machen den Kollegen Vorhaltungen oder Vorschriften. Das steht ihnen jedoch nicht zu. Deswegen lassen sich die Kollegen das auch nicht gefallen. Es kommt unweigerlich zu Konflikten im Team.

Praxisbeispiel

Der gewissenhafte Kollege nimmt als Einziger im Team die Hygienevorschriften ernst. Beobachtet er bei seinen Teamkollegen abweichendes Verhalten, weist er auf die Vorschrift hin und bittet um Einhaltung. Im Team baut sich Ärger gegen ihn auf, er wird zum ungeliebten Kollegen und bekommt am Ende Probleme mit seinem Chef, weil er nicht teamfähig ist.

Ist der Streit im Team erst losgetreten, eskaliert er und verursacht nachhaltigen Schaden. Bis das Thema bei Ihnen auf dem Tisch landet, ist der emotionale Aufruhr bereits so immens, dass es Ihnen meist nicht mehr möglich ist, sich selbst als den Auslöser der Misere zu erkennen. Sie tappen blind im Nebel, weil der klare Blick verstellt ist. So können Sie die Ursachen nicht orten und dadurch natürlich auch nicht die angemessenen Maßnahmen einleiten.

Die Darstellung der Multidimensionalität der Führungsfunktion soll Ihnen helfen, *frühzeitig* und *entspannter* zu erkennen, wenn Ihnen Bälle herunterfallen, sowie die leisen und lauten Hinweise Ihrer Mitarbeiter beherzt und offen aufzufangen und sich unerschrocken damit auseinanderzusetzen. Statt sich unverstanden und angegriffen zu fühlen und die Kritik zurückzuweisen, wenden Sie sich kritischem Feedback aufgeschlossen zu, bedanken sich für die Zuarbeit und wissen, wie Sie rechtzeitig gegensteuern können.

PRAXISCHECK

Anwendung: Beantworten Sie die folgenden Fragen für sich.
Zu den Aufgaben einer Führungskraft:

- Wie hoch ist der Anteil an Fach-, Leitungs- und Führungsaufgaben bei mir?
- Wie hätte ich es gern?
- Welche Veränderungen möchte ich vornehmen?

Zu den Facetten der Führungsrolle:

- Welche Rollen – Unternehmer, Dienstleister, Krisenmanager, Personalentwickler, Mensch – kann ich ohne Anstrengung bedienen, einfach weil es mir liegt?
- Was verlangt von mir Konzentration und Anstrengung, weil es mir nicht so liegt?
- Wie wirkt sich das aktuell in der Praxis aus?
- Was möchte ich verändern? Wie?

Zum Thema Führungs-Gap:

- An welcher Stelle springen einzelne Mitarbeiter in eine Führungslücke?
- Wer? Bei welchem Thema?
- Welche Auswirkungen hat das?

- Was möchte ich ändern? Wie?

Zu meinen Führungsqualitäten:

- Was liegt mir mehr und was liegt mir weniger?
  - mal kooperativ und offen
  - mal bestimmend und klar
  - mal verständnisvoll und menschlich
- Wozu führt das im Alltag?
- Was möchte ich ändern? Wie?

Zu den Erwartungen an die Führungskraft:

- An welchen Stellen haben Mitarbeiter falsche Erwartungen an mich?
- Was sollte ich klarstellen?

Was bringt es mir, wenn ich das weiß?

- Nachdem ich sowohl aus der Vogelperspektive als auch aus allernächster Nähe das gesamte Spektrum meiner Aufgaben betrachtet habe, kann ich herausfiltern, wo ich mich bereits zu hundert Prozent auf meine Fähigkeiten und Stärken verlassen kann und an welchen Stellen ich selbst zum Stein des Anstoßes in einem Konflikt werden könnte und demnach Entwicklungsfelder habe.
- Ich weiß, wie ich mit gutem Stil führe und welche Fach-, Leitungs- und Führungsaufgaben ich zu meistern habe. Ich bin mir bewusst, welche unterschiedlichen Facetten meine Rolle als Führungskraft beinhaltet, und habe mir klar gemacht, dass ich außerdem umsichtig und situationsgerecht unterschiedliche Qualitäten zu bedienen habe.
- Mir ist klar, dass niemand dieses multidimensionale Rollenbild perfekt bedienen kann. Auch ich nicht. Mir ist aber auch klar, dass daraus hin und wieder Konflikte entstehen können, mit denen ich umgehen muss. Mithilfe des umfassenden Anforderungsprofils erkenne ich, an welcher Stelle ein Mitarbeiter oder das Team falsche Erwartungen hat bzw. wo ich selbst eine Veränderung vornehmen sollte.

2.3 Auch Sie haben Ecken und Kanten

In den vorangegangenen zwei Kapiteln haben wir einige Fallstricke kennengelernt, über die eine Führungskraft durch ungeschicktes Verhalten stolpern kann und damit zum Auslöser für Unmut im Team wird. In diesem Kapitel beschäftigen wir uns damit, welches Konfliktpotenzial wir in uns selbst tragen, einfach nur, weil wir sind, wie wir sind. Und weil das menschlich ist.

Doch der Reihe nach. Wir haben bisher darüber gesprochen, wie Sie auf dem Führungsstuhl von außen wahrgenommen werden. Im Gegensatz zur veränderten Außenwahrnehmung bleibt die Selbstwahrnehmung unverändert. In unserem inneren Erleben bleiben wir die, die wir sind, mit all unseren Wünschen und Hoffnungen, Sorgen und Nöten.

Die meisten Menschen, die eine Führungsrolle übernehmen, legen großen Wert darauf, dass das weiterhin so bleibt. Sie wollen trotz Führungsverantwortung auf dem sprichwörtlichen Teppich bleiben und haben keine Lust, sich zu verbiegen. Das ist auch gut so, denn das bedeutet, dass sie echt, glaubwürdig und stimmig sind. Nur so bekommen andere mit, wie sie ticken. Nur so entsteht Verlässlichkeit und entwickelt sich Vertrauen. Auch in der Fachdiskussion werden Authentizität, Leidenschaft und Emotionalität beständig als Erfolgsfaktoren benannt. Trotzdem reicht es nicht aus, sich einfach so zu geben, wie man ist. Wie könnten wir sonst den Erwartungen an unsere Professionalität und einen guten Stil, wie wir ihn bereits kennengelernt haben, erfüllen?

Keine Sorge: Es geht keinesfalls darum, sich zu verstellen und emotionslos wie ein Roboter zu agieren. Das würde sowieso nicht funktionieren. Es geht vielmehr darum, Verhalten, das im Kontext unserer Führungsfunktion nicht passt, zu Hause zu lassen.

Üben Sie sich in Impulskontrolle

Natürlich gibt es Menschen, die uns sympathischer sind als andere. Natürlich haben wir mal schlechte Laune und sind nicht gut drauf. Natürlich reißt uns mal der Geduldsfaden und wir reagieren genervt. Und manchmal verlieren wir die Kontrolle und sagen Dinge, die uns später leidtun. All das ist menschlich. Wenn wir jedoch ungefiltert unsere Ecken und Kanten zeigen, ganz natürlich agieren – sozusagen frei Schnauze – und in kritischen Momenten unseren Gefühlen freien Lauf lassen, besteht die Gefahr, dass wir aus unserer Rolle fallen. Schneller als wir schauen können, haben wir dann die größten Probleme zu bewältigen.

Um Störungen in der Zusammenarbeit zu vermeiden, stellt man daher zu Recht höhere Ansprüche an Führungskräfte. Auch und gerade in kritischen Situationen sind sie in puncto Auftreten und Selbstmanagement gefordert.

Impulskontrolle ist das Zauberwort.

Das meint die Fähigkeit, Impulsivität dann, wenn sie nicht angebracht ist, zu unterdrücken bzw. zu steuern. Anders ausgedrückt: sich selbst im Griff zu haben. Statt mal eben seinem Frust über einen unfähigen Mitarbeiter Luft zu machen, gilt es, die bewusste und gewollte Kontrolle über die eigenen Gefühle und Affekte zu behalten. Einen kühlen Kopf zu bewahren, wenn es heiß hergeht, ruhig zu bleiben, wenn andere die Fasson verlieren, und in der Wertschätzung zu bleiben, während schwierige Themen besprochen werden oder andere uns provozieren und uns gefühlt auf der Nase herumtanzen.

Bedenken Sie: Solange wir im Blickpunkt unserer Mitarbeiter und Kollegen stehen, müssen wir jederzeit unserer Rolle als Führungskraft gerecht werden.

Sie wollen wissen, wie das im Detail geht?

Ich bin mir meiner selbst bewusst

Ein erster Schritt in die richtige Richtung ist Selbstbewusstsein. Nicht im Sinne von Selbstsicherheit oder Selbstwert, sondern im Sinne von Selbstverständnis: Ich bin mir meiner selbst bewusst. Ich kenne meine Ecken und Kanten und weiß um meine Empfindlichkeiten. Mir ist bewusst, was mich aus der Reserve lockt und wie ich dann typischerweise reagiere. Ich kenne die Ursachen und verstehe mein Verhalten. Ich weiß um meine lebensgeschichtlichen Prägungen, meine Werte, mein Temperament.

Doch Selbstreflexion allein genügt nicht. Wir alle haben sogenannte blinde Flecken. Hier geht es um Persönlichkeitsanteile, die sich der eigenen Wahrnehmung entziehen, dem Umfeld aber durchaus bekannt sind. Deswegen brauchen wir immer wieder Feedback von unserem Umfeld. Bitten Sie Freunde, Vertraute, Kollegen oder Ihren eigenen Vorgesetzten um Rückmeldung. Hören Sie aufmerksam zu. Rechtfertigen Sie sich nicht, wenn Sie sich unverstanden fühlen. Sie wissen, Sie bekommen lediglich Ihre Wirkung gespiegelt und nicht Ihre gute Absicht. Wirklich ist, was wirkt, heißt es in der Kommunikationspsychologie. Diskutieren Sie nicht darüber. Nehmen Sie es einfach an, bedanken Sie sich dafür, dass sich ein anderer die Mühe gemacht hat, Ihnen seine Eindrücke zu offenbaren, und denken Sie anschließend in Ruhe darüber nach.

Auf Grundlage dieses Sich-selbst-bewusst-Seins – bestehend aus Selbst- und Fremdbild – ist es möglich, eine stabile Impulskontrolle aufzubauen, um auch in kritischen Situationen souverän zu bleiben. Denn je besser wir uns kennen, desto früher bemerken wir, wenn für uns etwas emotional schwierig wird. Im Moment der Erkenntnis können wir gezielt gegensteuern, indem wir uns bewusst zurücknehmen. Statt spontan auf Reize zu reagieren, bleiben wir besonnen.

Mein Antityp

Weiter geht‹s mit den Antitypen. Das sind Menschen, die uns schlichtweg unsympathisch sind und deren Verhalten wir nicht gutheißen. Wir wollen nichts mit ihnen zu tun haben. Wann immer möglich gehen wir ihnen aus dem Weg. Schwierig wird es, wenn es sich dabei um einen Mitarbeiter handelt. Das Team setzt zu Recht Gleichbehandlung und einen fairen Umgang der Führungskraft mit jedem Einzelnen voraus. Lieblingskinder und gefühlte Ungerechtigkeiten sind ein häufiger Kritikpunkt von Mitarbeitern.

Nehmen Sie sich bitte ein paar Minuten Zeit, und skizzieren Sie Ihren Antitypen. Denken Sie an einen Mitarbeiter, den Sie überhaupt nicht leiden können. Ordnen Sie ihm typische Merkmale oder Eigenschaften zu, die seine nervige Art beschreiben.

Woran erkennen Sie ihn? Wie sieht er aus? Wie verhält er sich? Was nervt oder provoziert Sie? Was sind typische Aussagen von ihm? Hat er eine bestimmte Haltung? Zeichnen Sie ihn in einer typischen Situation. Schreiben Sie alles auf, was Ihnen dazu einfällt.

Die Gruppenleiterin Johanna beschreibt ihren Antitypen wie folgt:

MEIN ANTITYP – EINE BESCHREIBUNG

☹

- Er ist distanziert, hat nur Zahlen, Daten, Fakten im Kopf.
- Seine Mundwinkel hängen herunter, er lächelt nie und grüßt nicht.
- Er trägt einen schwarzen Anzug mit Krawatte.
- Er spricht langsam, bedächtig und emotionslos.
- Es findet kein Austausch mit ihm statt, sondern nur Frage-Antwort.

Johanna empfindet jeglichen Kontakt mit dieser Person als äußerst unangenehm. Sie lässt sich verunsichern, hat Angst, etwas Falsches zu sagen, und gerät dadurch unter Stress. Am Schlimmsten ist jedoch, dass sie sich als Person von ihm abgelehnt fühlt. Die Konsequenz: Sie weicht ihm wo möglich aus.

Wie empfinden Sie den Kontakt mit Ihrem Antitypen? Was löst er bei Ihnen aus?

Stellen Sie sich anschließend folgende Fragen:
- Welche Ihrer Werte verletzt Ihr Antityp?
- Was erlaubt er sich, was Sie sich nicht erlauben würden?
- Was macht er Schlimmes, was Sie nicht leiden können?
- In welche unangenehmen Situationen kommen Sie mit Ihrem Antitypen?

Michael, Teamleiter, erzählt folgende unangenehme Situation mit seinem Antitypen:

MEIN ANTITYP – EINE SITUATION

Ich hasse es, wenn ich einen Termin mit dem Geschäftsführer habe. Der lässt mich immer ewig lange warten. Das empfinde ich als demütigend.

Wieso empfindet Michael das Warten als demütigend?

Das Grundprinzip funktioniert in blitzschneller Abfolge: Es entsteht eine herausfordernde Situation. In unserem Kopf entstehen Gedanken dazu. Häufig sind auch bereits Vorurteile vorhanden, die spontan hervortreten. Unsere Gedanken lösen entsprechende Gefühle in uns aus, und die Gefühle leiten unser Handeln:

Situation → Gedanke → Gefühl → Handlung

Verlangsamen wir diese Abfolge anhand eines Beispiels:

> **Praxisbeispiel**
>
> **Die Situation:** Michael hat um 11.00 Uhr einen Termin beim Geschäftsführer. Kurz vor 11.00 Uhr meldet er sich bei dessen Sekretärin, die ihn bittet, noch Platz zu nehmen, da es noch ein wenig dauern wird. Michael nimmt Platz. Er wartet nun bereits 20 Minuten.
>
> **Seine Gedanken:** »Das ist keine Wertschätzung. Offensichtlich hält der Geschäftsführer nicht viel von mir, sonst würde er mich nicht so behandeln.«
>
> **Seine Gefühle:** Er ist enttäuscht, fühlt sich unwohl, klein und nicht wertgeschätzt. Er baut innerlich Ärger auf, wird mürrisch, will dagegen aufbäumen. Er fühlt sich der Situation hilflos ausgeliefert.
>
> **Seine Handlung:** Als sich der Geschäftsführer für die Wartezeit entschuldigt, antwortet Michael schulterzuckend mit einem tiefen Seufzer: »Da kann man halt nichts machen.«

Wie klingt das in Ihren Ohren? Frustriert, unterwürfig, kindlich, beleidigt, vorwurfsvoll? Auf alle Fälle nicht souverän, oder?

Anders denken – anders fühlen – anders handeln

Wir alle kennen Situationen, in denen wir uns unwohl fühlen. Was können wir verändern, damit es uns in der gleichen Situation besser geht?

Tatsache ist: An der Situation ist nicht zu rütteln. Sie ist, wie sie ist. Die Frage ist, wie wir mit ihr umgehen.

Die Veränderung fängt bei unseren Gedanken an. Mit unseren Gedanken interpretieren wir Ereignisse. Und bei der Interpretation haben wir Wahlfreiheit. Schließlich sind wir es, die darüber entscheiden, ob wir uns vom Verhalten eines anderen geringgeschätzt fühlen oder nicht.

Michael interpretiert die nervige Wartesituation im Vorzimmer des Geschäftsführers folgendermaßen neu:

Seine Gedanken: »Der Geschäftsführer scheint stark ausgelastet zu sein. Und offensichtlich bekommt er sein Zeitmanagement nicht in den Griff. Andererseits werden bei ihm wichtige Fragestellungen auflaufen. Vieles wird nicht genau planbar sein. Er nimmt sich wohl die Zeit, die ein Thema braucht. Aufgrund der Hierarchie muss ich in meiner Funktion auf ihn warten. Das ist normal.«

Diese Gedanken lösen bei ihm andere **Gefühle** aus: »Ich fühle mich erwachsen, bin geduldiger, positiver gestimmt«, beschreibt Michael.

Das wirkt sich wiederum auf sein **Handeln** aus. Auf die Entschuldigung des Geschäftsführers antwortet er wahrheitsgemäß: »Ich habe Verständnis dafür.« (Verstanden heißt nicht einverstanden!)

Wie klingt das in Ihren Ohren? Erwachsen, souverän, kooperativ?

An der Ausgangssituation hat sich nichts geändert, wohl aber an der Art und Weise, wie der Teamleiter sie erlebt und damit umgeht. Er sitzt nun am Steuer und gestaltet sein Erleben in dieser Situation.

Mithilfe seiner neuen Interpretation empfindet er das Warten nicht mehr als Ablehnung bzw. Geringschätzung seiner Person. Das schafft Raum für neue Ideen. Im nächsten Moment meint er: »Ich könnte die Sekretärin bitten, mir Bescheid zu geben, wenn ich dran bin, und einstweilen zurück an den Arbeitsplatz gehen. Oder meinen Laptop mitnehmen und ein wenig arbeiten.«

Das sind gute Ansätze. Am Ende könnte Michaels Antwort auf die Entschuldigung des Geschäftsführers entspannt lauten: »Kein Problem. Ich konnte die Zeit nutzen.«

Klingt gut, oder?

Fassen wir zusammen: Es ist nicht die Situation, die uns unglücklich macht, sondern unsere Interpretation der Situation. Durch eine geschickte Interpretation gewinnen wir Abstand und laufen nicht länger Gefahr, uns emotional zu verstricken. Wir bleiben souverän.

PRAXISCHECK

Versuchen Sie es doch gleich einmal:
Wie sieht Ihre unangenehme Situation mit Ihrem Antitypen aus? Wie denken, fühlen und handeln Sie bisher? Interpretieren Sie die Situation anschließend neu, und betrachten Sie, wie sich das auf Ihr Fühlen und Handeln auswirkt.

Wer hat hier das Problem?

Kommen wir zum nächsten Schritt. Haben Sie sich schon einmal gefragt, warum Sie ein Problem haben sollten, nur weil sich ein anderer nicht zu benehmen weiß oder seine schlechten Charaktereigenschaften zum Vorschein kommen? Normalerweise hinterfragen wir das nicht, sondern ärgern uns, regen uns auf oder fühlen uns verletzt. Wir haben das gerade in der Situation mit Michael und dem Geschäftsführer gesehen.

Das muss nicht sein. Die Kunst ist, das Fehlverhalten eines anderen nicht zu unserem Problem werden zu lassen!

Klingt attraktiv? Es lohnt sich, das genauer zu betrachten, denn Gelassenheit und Souveränität winken als Ernte.

Ein Beispiel: Häufig beschweren sich Mitarbeiter über einen Kollegen, der lügt. Sie sind entrüstet und schier außer sich. Sie wollen ihn outen, ihn nötigen, sich zu entschuldigen und zu geloben, es nie wieder zu tun. Mit dieser selbstauferlegten Belehrungsmission begeben sich die Mitarbeiter in eine Abhängigkeit von dem kritisierten Kollegen. Denn tut er dies alles nicht – was wahrscheinlich ist –, lügt stattdessen weiter und windet sich immer wieder aus der Anklage heraus, schürt das unweigerlich weiteren Ärger und Unmut bei den Mitarbeitern. Sie verstricken sich immer mehr in das Problem, bis sie letztendlich selbst ein Problem haben. Dann stecken sie mittendrin im Konflikt. Derweil könnten sie das Problem des Kollegen einfach bei ihm lassen. Ja, er lügt. Gut, wenn es bemerkt wurde. So kann man sich darauf einstellen und entsprechend mit ihm umgehen. Ihn umerziehen zu wollen ist erstens übergriffig und zweitens sehr wahrscheinlich wenig erfolgsversprechend – sozusagen vergebene Liebesmüh.

Ja, denken Sie jetzt vielleicht, *aber die negativen Folgen für die Kollegen bleiben doch weiterhin bestehen?*

Stimmt! Es gibt immer Rahmenbedingungen, die einem das Leben schwer machen. Wir müssen lernen, mit ihnen umzugehen – schlicht und einfach weil wir sie nicht verhindern können.

Zur Verdeutlichung ein weiteres Beispiel: Stellen Sie sich vor, Sie machen Urlaub auf den Malediven, und es regnet vierzehn Tage lang. Das kommt zwar nicht oft vor, aber es kommt vor. Die Frage ist: Fühlen Sie sich nun vom Wetter geringgeschätzt? Sind Sie beleidigt und kämpfen mit dem Wetter um Sonnenschein? Nein, denn jedes Kind weiß, dass das aussichtslos wäre. Vielmehr besteht die Herausforderung darin, sich den Urlaub nicht vermiesen zu lassen. Je höher Ihre Frustrationstoleranz ist, desto besser wird es Ihnen gelingen, auch unter diesen ungünstigen Wetterbedingungen einen unvergesslich schönen Urlaub zu gestalten.

Die Vorteile auf einen Blick

Welchen Nutzen können Sie aus diesen drei Aspekten ziehen: der bewussten Steuerung durch Selbstbewusstsein, der geschickten Interpretation gegebener Situationen und der Fähigkeit, Probleme eines anderen bei ihm zu lassen? Ich sehe hier drei Vorteile:

1. Vorteil: Ich vermeide es, selbst negative Emotionen aufzubauen, und verstricke mich nicht in den Konflikt. Stattdessen bleibe ich klar auf der Sachebene und bin dadurch handlungsfähig.

2. Vorteil: Steckt mein Mitarbeiter in einem Konflikt, kann ich ihm hilfreiche Impulse und Anregungen für neue Interpretationsmöglichkeiten anbieten. Nach dem Motto: »Du kannst es auch anders sehen ... Was würde das verändern?« Oder: »Warum machst du sein Problem zu deinem Problem?«

3. Vorteil: Befinde ich mich in einer schwierigen Situation mit einem Mitarbeiter, weiß ich, wie ich Abstand gewinnen kann, um meine negativen Emotionen zu beruhigen und souverän zu bleiben.

PRAXISCHECK

- Welche meiner Ecken und Kanten passen nicht zum Job? Womit stehe ich mir selbst im Weg? Wie würde es besser gehen?
- Wer oder was lockt mich aus der Reserve? Wie reagiere ich dann? Wie kann ich mich besser schützen?
- Wann mache ich mir aus dem Fehlverhalten eines anderen selbst ein Problem? Wie müsste ich denken, damit ich es bei ihm lassen kann?

Was bringt es mir, wenn ich das weiß?

Ich bin mir meiner selbst bewusst. Ich kenne meine Empfindlichkeiten, Antitypen und eigenen Ecken und Kanten. Dadurch bin ich emotionalen Herausforderungen nicht länger ausgeliefert, sondern kann sie steuern. Meine Alarmglocken läuten frühzeitig und kündigen an, dass gerade etwas schwierig für mich werden könnte. Statt unreflektiert in die Situation hineinzugeraten, gehe ich in Hab-Acht-Stellung, nehme mich bewusst zurück und beobachte das Geschehen erst einmal. Indem ich reflektiere, was mir zu schaffen macht, ziehe ich meine Aufmerksamkeit vom anderen ab und lenke sie auf mich. Ich kümmere mich um mein Wohlergehen, atme bewusst, halte emotionalen Abstand, lasse das Problem beim anderen und überlege mir eine deeskalierende Interpretation der Situation.

Der Unterschied ist: Unter Druck reagieren wir impulsiv. Im entspannten Zustand fällt es uns dagegen leichter, unsere Gefühle zu kontrollieren. Ziel einer persönlichen Weiterentwicklung ist es, zunehmend souveräner zu werden, indem wir unsere Fähigkeit zur Impulskontrolle laufend verbessern.

2.4 Wie Sie die Herzen Ihrer Mitarbeiter im Sturm erobern

Versprochen: Wenn wir unsere Mitarbeiter professionell mit gutem Stil führen, so wie wir es in den vergangenen Kapiteln besprochen haben, werden sie das zu schätzen wissen. »Der Chef ist in Ordnung«, wird man über uns sagen. Angesichts von Studien, die aufzeigen, dass knapp 60 Prozent der Mitarbeiter mit ihrer Führungskraft unzufrieden sind, ist das ein durchaus respektables Mitarbeiterfeedback. Hut ab, Respekt, Applaus für alle, die das erreichen.

Mitarbeiterzufriedenheit – darf es auch ein bisschen mehr sein?
Sollten Sie jedoch ehrgeizig sein, Ihre Führungsarbeit als sportliche Herausforderung betrachten und zu den Besten gehören wollen, dann ist hier noch mehr drin. Denn:

Mitarbeiterzufriedenheit ist Plicht – Mitarbeiterbegeisterung ist Kür.

Mit einer professionellen Führung mit gutem Stil legen Sie ein Fundament, auf dem Sie weiter aufbauen können. Wenn Sie zufriedene Mitarbeiter haben, steht Ihnen der Weg frei, Ihre Mitarbeiter zu Fans werden zu lassen.

Und wie soll das gehen? werden Sie nun fragen. Genau diese Frage habe ich mir auch immer wieder gestellt.

In all den Jahren habe ich im Alltag das Zusammenwirken zwischen Führungskräften und ihren Mitarbeitern studiert. Wenn Mitarbeiter leuchtende Augen bekamen und regelrecht ins Schwärmen gerieten, wann immer sie von ihrer Führungskraft erzählten, habe ich aufgehorcht: Was genau machen die, habe ich dann stets gefragt. Die Antworten zeichnen ein eindeutiges, klares Muster.

Schauen Sie mal!

Praxisbeispiele

Andreas ist im Unternehmen als charismatische Führungskraft bekannt. Seine Mitarbeiter erzählen folgende Geschichte: Es ist der 11.09.2001. Die Terroranschläge in New York erschüttern die Welt. Einige Vertriebsmitarbeiter aus Andreas‹ Team befinden sich zu diesem Zeitpunkt auf einer Insel. Es ist ein Incentive der Firma: eine Woche Urlaub und Entspannung. Die Rückreise ist für den folgenden Tag geplant. Doch alle Flüge sind aufgrund des Krisenzustands storniert. Andreas ruft jeden seiner betroffenen Mitarbeiter persönlich an. Er tauscht sich mit ihnen über ihre Situation und ihre Befindlichkeit aus. Unter anderem stellt er folgende Fragen: »Wie sind deine Kinder untergebracht? Brauchst du Hilfe? Kann ich irgendetwas für dich tun, etwas regeln?«

Alina hat bei der Mitarbeiterbefragung mit Abstand die beste Bewertung im ganzen Unternehmen erhalten. Ihre Mitarbeiter lieben sie für ihre menschliche Art, ihren Humor und dass sie immer für sie da ist.

Florian kommt direkt von der Uni. Es ist sein erster Führungsjob. Sein Team liebt ihn vom ersten Moment an. Die Mitarbeiter berichten: »Wir hatten unglaublich viel Arbeit. Doch mit vereinten Kräften haben wir es geschafft. Er hat uns vertraut und uns machen lassen. Dabei sind wir alle über uns hinausgewachsen.«

> Ulrike ist jung und erstmalig Führungskraft von einem kleinen Team. Eine ältere Mitarbeiterin, die ihre Mutter sein könnte, erzählt ihr eines Morgens vollkommen frustriert, dass die Abteilungsleiterin ihren Urlaubsantrag abgelehnt hat, weil das Büro sonst für drei Wochen unbesetzt wäre. Weil ihr Ehemann einzig in diesen drei Wochen Urlaub nehmen kann, müsste sie auf den gemeinsamen Jahresurlaub verzichten. Ulrike legt sich bei der Abteilungsleiterin für die Mitarbeiterin ins Zeug. »Wir können der Frau doch nicht den Jahresurlaub mit ihrem Mann verweigern«, argumentiert sie. »Zur Not springe ich in der Zeit für sie ein.« Der Urlaub wird genehmigt.

Erkennen Sie ein Muster? Wie würden Sie es beschreiben? Worum geht es hier im Kern?

Herzensbildung ist das Zauberwort.

»Das wird schwierig für die, die keines haben«, meinte meine Schwester augenzwinkernd, als ich ihr bei einer Tasse Cappuccino von meiner Arbeit an diesem Kapitel erzählte.

Den Mitarbeiter als Menschen sehen

Kennen Sie die auch: Führungskräfte, die den Anschein erwecken, sie hätten kein Herz? Sie haben ausschließlich die Belange des Unternehmens im Blick. Deren Erfüllung steht für sie an erster Stelle. Das ist ein fundamentaler Fehler, denn:

Der Mitarbeiter ist mehr als nur eine Arbeitskraft.

Neben seiner Rolle als Mitglied in Ihrem Team hat der Mitarbeiter noch viele andere Rollen in seinem Leben zu bedienen: Sohn, Ehefrau, Vater, Schwester, Freundin, Sportkamerad und vieles mehr. Diese anderen Bereiche seines Lebens wirken natürlich auch in die Arbeit hinein. Insofern sollten Führungskräfte immer ein gewisses Interesse für das Leben Ihrer Mitarbeiter außerhalb der Büromauern zeigen und sich nicht ausschließlich für deren Leistung interessieren.

Selbstverständlich ist die Arbeit auch für Mitarbeiter wichtig. Doch es gibt private Situationen, die ihnen wichtiger sind. Dann muss die Arbeit kurzfristig auch mal hinten anstehen. Wir sprechen von den Herzensanliegen der Menschen. Um seinen privaten Belangen gerecht zu werden, benötigt der Mitarbeiter ein paar Stunden oder Tage frei. Meist ist das kein Problem. Doch was, wenn es aus betrieblichen Gründen gerade denkbar ungünstig ist? Solche Momente sind eine Feuerprobe für das Verhältnis zwischen Führenden und Geführten. Der Mitarbeiter ist der Gunst seines Chefs ausgeliefert. Das macht ihn verletzbar.

Mit der Art und Weise, wie wir nun mit seinem Anliegen umgehen, stellen wir unsere menschlichen Qualitäten unter Beweis. Erlebt uns der Mitarbeiter verständnisvoll, einfühlsam und unterstützend oder unbarmherzig, ignorant und dominant? Je nachdem wird er sich von uns gemocht oder abgelehnt fühlen.

Merken Sie etwas? Hier handelt es sich um Schlüsselmomente, in denen die Gefühls- und die Beziehungsebene nachhaltig geprägt werden. Es sind wertvolle Chancen, um eine stabile Vertrauensbasis und emotionale Bindung zu den Mitarbeitern aufzubauen. Und gleichzeitig potenzielle Gefahrenmomente, diese nachhaltig zu schädigen. Es geht also um richtig viel. Und zwar sowohl für Sie als auch für Ihren Mitarbeiter.

Das Problem: Es ist gar nicht so einfach, diese Momente zu erkennen. Denn nicht immer ist der Mitarbeiter offenherzig und zeigt uns deutlich, wie wichtig ihm eine bestimmte Sache gerade ist. Manches Herzensanliegen wird verhalten in leisen Tönen an uns herangetragen, ein anderes laut und provokant.

Erschwerend kommt hinzu, dass wir uns nicht darauf vorbereiten können. Der Mitarbeiter steht mit seinem Anliegen vor uns, und von jetzt auf gleich braucht es eine Reaktion. Eine angemessene Reaktion erfordert von uns, aus der operativen Hektik auszusteigen, von unserer Aufgabenorientierung auf Mitarbeiterorientierung umzustellen und uns Zeit zu nehmen, wo meistens keine ist.

Unsere Werte, unsere Lebenserfahrung und unser Verständnis für allzu Menschliches sind jetzt gefragt. Damit zeigen wir, dass uns der Mitarbeiter am Herzen liegt. Und zwar nicht nur als Arbeitskraft, sondern auch als Mensch.

Das Leben ist ein Geben und Nehmen. Wenn Sie für den Mitarbeiter in bestimmten Ausnahmesituationen die Extrameile gehen, dann wird er im Gegenzug auch für Sie die Extrameile gehen. Tun Sie dies nicht, verletzen, frustrieren oder geringschätzen Sie Ihr wertvollstes Gut, den Mitarbeiter, nachhaltig.

Was sind das für besondere Anlässe?

Es geht um die Herzensanliegen unserer Mitarbeiter. Es gibt einige allgemeingültige Anliegen, die jeder kennt und respektiert. So weiß jeder, dass die Gesundheit, die Versorgung und das Wohlergehen der Kinder, Lebenspartner und Eltern eine hohe Priorität haben. Trägt uns der Mitarbeiter dazu ein wichtiges Anliegen vor, reagieren wir verständnisvoll.

Gleichzeitig gibt es auch einige individuelle Herzensanliegen, die nicht jedermann als solche erkennt und nachvollziehen kann. Nur der Betroffene selbst weiß manchmal, was ihm am Herzen liegt, wie folgendes Erlebnis zeigt.

Praxisbeispiel

»Mein Pferd ist der zweitwichtigste Mensch in meinem Leben«, erzählt mir ein Kollege. So ein Unsinn, denke ich. Ein Pferd ist ein Tier und kein Mensch. Ich korrigiere ihn: »Dein Pferd ist doch ein Tier und kein Mensch.« Die Antwort meines Kollegen kommt prompt und entschieden. Mit eindringlicher Stimme und Ernsthaftigkeit wiederholt er seine Aussage Wort für Wort und sieht mir dabei direkt in die Augen. Ich realisiere: Es ist ihm ernst!

Empathie zeigen

Mit diesen vier Hilfsschritten reagieren wir trotz Unverständnis für das Anliegen des Mitarbeiters empathisch:

1. Die Weggabelung

So ein Augenblick ist wie eine Weggabelung. Verharre ich weiterhin auf einer eigenen Position und lasse mich auf das aussichtslose Unterfangen ein, den anderen mit sachlichen Argumenten von meiner Sicht zu überzeugen, oder erkenne ich, dass ich den Mitarbeiter in seiner – für mich durchaus schrägen – Aussage ernst nehmen muss?

2. Die Entscheidung

Möchte ich ein Plus zu meinem Mitarbeiter auf der Gefühls- und der Beziehungsebene erreichen, bleibt mir nichts anderes übrig, als ihn ernst zu nehmen. Ansonsten würde ich eine Störung in Hinblick auf die Frage, was wir voneinander halten, riskieren. Um diese – für mich durchaus schräge, weil unlogische Aussage – ernst nehmen zu können, muss ich die Bewertung durch meinen Verstand loslassen. Und damit habe ich seine Botschaft empfangen.

3. Die Eselsbrücke

In der Folge versetze ich mich in mein Gegenüber hinein und vertiefe die neue Information, die ich über ihn habe. Ich frage mich: »Wenn ihm sein Pferd so wichtig wie ein Mensch ist, was bedeutet das dann? Welche Konsequenzen hat das?« Um nun auch spüren zu können, wie wichtig das Pferd für ihn sein muss, suche ich mir eine Eselsbrücke. Ich erkenne: »Dann hat das Pferd in seinem Leben so einen Stellenwert wie ein Kind in meinem Leben hat!« Welche Annahmen kann ich daraus ableiten? »Wenn mit dem Pferd etwas nicht stimmt, sorgt er sich oder leidet, so wie es mir bei einem Kind ergehen würde.«

4. Herzensbildung und nachempfinden

Mithilfe der gedanklichen Eselsbrücke kann ich nachempfinden, wie sich etwas für den Mitarbeiter anfühlt, und Verständnis und Mitgefühl zeigen.

Es geht darum, dass wir den Mitarbeiter als ganzen Menschen erfassen, sehen, was ihn über die Arbeit hinaus gerade bewegt, und daran Anteil nehmen. Hier noch einige typische Themen, mit denen unsere Mitarbeiter neben der Arbeit umgehen müssen:

- Der Mitarbeiter als Person
  - seine Gesundheit
  - seine Beziehungen
  - besondere Anlässe wie Hochzeit, Geburt, Verlust
  - Schicksalsschläge
  - altersbedingte Phasen wie etwa die Wechseljahre
  - Zufriedenheit bzw. Unzufriedenheit mit dem eigenen Leben
- Der Mitarbeiter und seine Lieben
  - Nahestehende Menschen, die uns besonders am Herzen liegen sind:
  - Partner
  - Kinder
  - Eltern
  - Geschwister
  - aber auch: Großeltern, besondere Freunde, Onkel, Tanten ...
- Die Liebe zu Tieren
- Unterschiedliche Gruppenzugehörigkeiten wie Sippe, Team ...
- Interessen und Engagement, etwa politisch oder sozial
- Hobbys und Sport
- Einmalige Gelegenheiten: Termine, die sich nicht verschieben lassen, wie Beerdigung, Klassentreffen, Familientreffen ...

Die Möglichkeiten sind so vielfältig, sie lassen sich niemals umfassend darstellen. Es geht vielmehr darum, ein Gespür dafür zu bekommen, wann dem Mitarbeiter etwas besonders am Herzen liegt.

Führung mit Herz

Lassen Sie uns zusammenfassen: Wenn Sie erreichen möchten, dass Ihre Mitarbeiter über Sie sagen, Sie hätten das Herz am rechten Fleck, benötigen Sie lediglich fünf Zutaten.

Zutat 1: Ich mag meine Mitarbeiter

Dafür sollten Sie den ganzen Menschen im Mitarbeiter betrachten, seine Einzigartigkeit erkennen, seine Persönlichkeit und seine individuellen Lebensumstände miteinbeziehen.

Zutat 2: Ich erkenne Herzensanliegen

Dafür müssen Sie sehen, dass Sie nicht zu sehr unter Druck sind. Ansonsten laufen Sie mit Scheuklappen durch die Gänge und nehmen nicht wahr, was links und rechts von Ihnen passiert und Ihre Mitarbeiter umtreibt.

Zutat 3: Ich nehme meine eigenen Bedürfnisse ernst

Dafür ist es nötig, dass Sie auch für sich Ausnahmen zulassen und nicht alles der Arbeit hinten anstellen. Denn was Sie sich selbst nicht zugestehen, werden Sie auch anderen nur ungern erlauben.

Zutat 4: Ich trete mutig für eine Sonderregelung ein
Dazu müssen Sie eine realistische langfristige Chancen-Risiken-Abwägung vornehmen. Kurzfristig wirkt manches unverantwortlich, was auf lange Sicht betrachtet dagegen unerheblich ist.

Zutat 5: Ich wahre Vertraulichkeit
Dafür gehen Sie mit Herzensangelegenheiten vertraulich um. Sie posaunen die intimen Informationen nicht lauthals im Team aus. Der Mitarbeiter würde sich ansonsten unwohl fühlen. Nicht jede vertrauliche Information, die Sie als Führungskraft erhalten, ist für das Team bzw. Umfeld bestimmt.

Vorsicht: Schere im Kopf!
Das Ganze erfordert allerdings, dass man auch seinen Geist weitet bei der Bewertung, was möglich ist und was nicht. Macht man für sich selbst keine Ausnahmen, hat man zu schnell die Schere im Kopf und denkt: Das geht leider nicht. Sachliche Argumente sprechen dagegen und fertig. Stattdessen sollte man die Sache eher kreativ angehen: Keine Regel ohne Ausnahme. Stellen Sie das Thema auf den Kopf, und fragen Sie sich, was passieren würde, wenn der Mitarbeiter an dem Tag krank wäre. Wie würden Sie damit umgehen? Und wie können Sie das freiwillig tun? Es geht um ein geschicktes Abwägen zwischen den Belangen der Firma und den Belangen des Mitarbeiters. Bedenken Sie: Ist dem Mitarbeiter etwas extrem wichtig, provozieren Sie eine Krankmeldung. Das können Sie verhindern, indem Sie seine Not erkennen und ihm Raum geben.

Praxisbeispiel

Die Mitarbeiterin bittet um einen Gleitzeittag in einer Phase, in der unendlich viel Arbeit ansteht. Ihre Tochter macht in einer anderen Stadt ihre Abschlussprüfung als Zahnärztin, und sie soll die zu behandelnde Patientin sein. Die Führungskraft lehnt das Anliegen ab mit der Begründung, dass sie leider nicht entbehrlich sei.

Und noch etwas:

Lassen Sie den Mitarbeiter nicht um Ihre Gunst buhlen, ihn devot um Ihr Verständnis betteln oder verzweifelt um seine Belange kämpfen. Gehen Sie stattdessen aktiv auf seine Anfrage ein. Bestätigen Sie die Wichtigkeit seines Anliegens. Zeigen Sie Ihren guten Willen, ihn dabei zu unterstützen, und bieten Sie eine Ausnahmeregelung an. Zeigen Sie sich nicht gönnerhaft, sondern wertschätzend.

Die Botschaft an den Mitarbeiter ist:

- Ich sehe deine Not.
- Ich erkenne, was für dich jetzt wichtig ist.
- Ich biete dir Hilfe und Unterstützung an.
- Ich finde mit dir eine Lösung, weil du mir am Herzen liegst.

PRAXISCHECK

Überlegen Sie sich Situationen, in denen Sie Herzensanliegen Ihrer Mitarbeiter wahrgenommen haben. Worum ging es? Wie haben Sie reagiert? Womit sind Sie zufrieden? Was würden Sie heute besser machen?

Was bringt es mir, wenn ich das weiß?

Ich stabilisiere die Gefühls- und die Beziehungsebene zu meinen Mitarbeitern. Diese werden tragfähiger, und ich kann auf der Sachebene leichter auch kritische Situationen bewältigen.

3 Hilfreiches Know-how zu Konflikten im Unternehmen

3.1 Konfliktwetterkarte – da braut sich was zusammen

Auch wenn es manchmal so wirkt, als käme ein Konflikt aus dem Nichts: Jeder Konflikt hat seine Entstehungsgeschichte. Die kann natürlich länger oder kürzer sein. Zum besseren Verständnis holen wir uns als Analogie das Wetter hinzu: Auch eine Wetterlage kann schnell oder langsam wechseln. »Da braut sich was zusammen«, sagt man im Volksmund und meint damit, dass sich die Wolken langsam verdichten und den Himmel verdunkeln. Wenn dann ein Sturm aufzieht, ist das Gewitter nicht mehr weit. Der Abstand zwischen Blitz und Donner gibt Auskunft über die Entfernung des Unwetters. Wetterkundige beobachten die Geschehnisse am Himmel aufmerksam, erkennen frühzeitig Hinweise und Warnsignale und wissen diese zu deuten. Dadurch verliert das Wetter seine Unberechenbarkeit, und wir können uns darauf einstellen. Das gibt uns Sicherheit und schützt uns.

Von einem Skipper oder Bergführer erwarten wir, dass er die Wetterlage umsichtig in seine Planung einbezieht. Denn wenn wir einen Segelturn oder eine schwierige Bergtour planen und das Wetter nicht mitberücksichtigen, können wir durchaus in gefährliche Situationen geraten.

Dieselbe Erwartung wird an eine Führungskraft gestellt. Auch Mitarbeiter erwarten, dass sie Schutz und Sicherheit von ihrem Chef erhalten. Wie wir in Kapitel 2.1 gesehen haben, ist das sogar das vorrangige Motiv, aus dem sich Mitarbeiter freiwillig der Führung eines anderen anschließen und dessen Anweisungen befolgen.

Um noch einmal das Bild des Wetters zu bedienen: Wenn wir auf offenem Meer segeln, sich die Wellen meterhoch auftürmen, wenn es donnert und blitzt, regnet und stürmt, dann erkennt jeder, dass gerade ein Unwetter tobt. Doch nun ist Gefahr im Verzug. Alle sind gefährdet und sehen sich vor eine riskante, unangenehme Herausforderung gestellt. Im Arbeitsalltag entspricht dieses Bild einer eskalierten Konfliktsituation. Die Kollegen beschimpfen oder bedrohen sich, sie brüllen sich an, Tränen fließen, oder der Papierkorb fliegt durchs Büro. Mit hoher Wahrscheinlichkeit hat die Führungskraft übersehen, dass sich im Team etwas zusammengebraut hat.

Es ist wahrlich keine Kunst, in diesem Szenario zu erkennen, dass es Unstimmigkeiten gibt. Nur ist es leider reichlich spät für diese Erkenntnis, und eine einfache Lösung, wie im Segelbeispiel das rechtzeitige Einlaufen in den nächstgelegenen sicheren Hafen, ist nicht mehr möglich.

Lange Rede, kurzer Sinn: Als Führungskraft brauchen Sie Wetterkenntnisse zur Stimmungslage in Ihrem Verantwortungsbereich. Kennen Sie die Warnsignale, die die Entstehung von Konflikten anzeigen, und wissen Sie, was Sie dann jeweils zu tun haben, verhindern Sie unnötige Eskalationen, die kaum mehr zu bewältigen sind.

Im Folgenden gebe ich Ihnen eine praxiserprobte Wetterkarte mit Konfliktwarnsignalen an die Hand. Das macht Sie zwar noch nicht zum Wettergott, meint, Sie werden damit nicht alle atmosphärischen Störungen im Team verhindern können. Mit ihrer Hilfe erkennen Sie jedoch frühzeitig, dass ein Konflikt entsteht, und können rechtzeitig gezielt gegensteuern.

Übrigens: In den meisten meiner Konfliktberatungen erzählen mir die Beteiligten, dass ich ein bis zwei Jahre zu spät komme. Sie verstehen, was ich meine?

Die Konfliktwarnsignale erkennen

Die Herausforderung besteht darin, die Warnsignale frühzeitig zu erkennen. Wie gerade mit dem Unwetter auf hoher See beschrieben, ist es keine Kunst, einen Konflikt wahrzunehmen, wenn er für alle sicht- und spürbar da ist. Gerade eine derartige Eskalation gilt es jedoch zu vermeiden, indem wir frühzeitig gegensteuern. Wir suchen also nach den allerersten kleinen Anzeichen, die darauf hinweisen, dass irgendetwas nicht oder nicht mehr stimmt. Wir bedienen uns hier einem Prinzip aus dem Gesundheitsbereich: Früherkennung erhöht die Heilungschancen. Die Frage ist: Woran erkennen wir rechtzeitig, wo sich etwas zusammenbraut?

Betrachten wir einmal erste Warnsignale anhand der vier Konflikterscheinungen im Job ohne Anspruch auf Vollständigkeit:

1. Ich habe einen Konflikt

- Meine Balance geht verloren: Ich bin aufgeregt, innerlich unruhig, spüre inneres Zittern, Angst und Unsicherheit.
- Meine Stimmung verändert sich: Ich bin wütend, gereizt, sensibler, angreifbarer und empfindlicher als sonst; ich bin den Tränen nahe.
- Das Thema lässt mich nicht los: Ich kann nicht abschalten; das Gedankenkarussell dreht sich ständig um das Thema; ich nehme es mit nach Hause, erzähle anderen davon, grüble darüber, schlafe schlecht.
- Mein Verhalten verändert sich: Ich werde wortkarg und verschlossen oder laut und aggressiv, zynisch, zickig oder bockig; meine Stimme wird lauter; mein Tonfall ist genervt; ich mache unkontrollierte Aussagen; ich verteidige oder rechtfertige mich; ich bin ungeduldig und lasse meinen Druck an Unschuldigen ab; ich werde kleinlich und rechthaberisch.
- Mein Körper meldet sich: Ich spüre Verspannungen, habe Magendruck, erhöhten Pulsschlag, Herzrasen, hektische Flecken, feuchte Hände; mir ist schlecht, oder ich fühle mich einfach unwohl. Ich kann mich nicht konzentrieren.
- Mein Empfinden verändert sich: Ich fühle mich angegriffen, ungerecht oder respektlos behandelt und nicht ernst genommen.
- Meine Einstellung verändert sich: Ich gehe ungern zur Arbeit, habe schlechte Laune; mir fehlt die Motivation.

Kurz: Nicht ich habe einen Konflikt, sondern der Konflikt hat mich am Wickel. Das heißt, ich habe die Steuerung verloren. Nicht ich mache, sondern mir geschieht.

2. Ein anderer hat einen Konflikt

- Die Körpersprache verändert sich: Die Person hat verhärtete Gesichtszüge, schaut böse, rollt mit den Augen, atmet nervös, hat einen roten Kopf und hektische Flecken am Hals.
- Die Kommunikation verändert sich: Die Person spricht in unfreundlichem Ton, gibt unsachliche, pampige Antworten, hat unerklärbare Gefühlsausbrüche, ist zickig oder zynisch, provoziert, ist kurz angebunden, macht Vorwürfe, greift andere persönlich an, ist unhöflich, macht keinen Small-Talk.
- Das Verhalten verändert sich: Die Person zieht sich zurück, grüßt nicht, vermeidet Blickkontakt, weicht anderen aus, ignoriert sie, verschiebt immer wieder Termine, spricht in genervtem Ton, wird laut oder leise, ist ungeduldig, wirkt reserviert, gleichgültig, abweisend, strahlt Kälte aus, hat eine negative Aura.
- Das hat Auswirkungen auf die Zusammenarbeit: Die Person hält Informationen zurück, arbeitet nicht mit, stellt die Kompetenz von anderen infrage, weist Ideen grundsätzlich ab, redet gegenüber Dritten schlecht über andere, grenzt Einzelne aus.

Kurz: Irgendetwas ist anders als sonst. Das heißt, so wie es bislang mit der Person war, ist es nicht mehr.

3. Im Team ist ein Konflikt

- Die Kommunikation leidet: Es findet keine Abstimmung statt; man lässt sich gegenseitig nicht ausreden; es kommt zu Wortgefechten und Streit; Kritik steht im Vordergrund, nicht konstruktives Arbeiten; es gibt Lästereien, Hetzereien, Sticheleien, Geheimnisse, Tuscheleien, Fingerpointing; man spricht über, nicht miteinander; Probleme werden nach außen getragen.
- Die Arbeitsmoral sinkt: Die Mitarbeiter machen nur noch Dienst nach Vorschrift; sie ziehen sich auf Formales zurück; es gibt Kompetenzgerangel; die Fehlerhäufigkeit steigt; Aufgaben werden nur noch zähflüssig bearbeitet; die Produktivität sinkt; die Teamorganisation ist schlecht; es kommt zu Doppelarbeiten und Unlust an Teamarbeit; die Krankheitstage nehmen zu.
- Das Teamgefühl leidet: Es gibt keine Hilfsbereitschaft und gegenseitige Unterstützung mehr; der Zusammenhalt fehlt; die Mitarbeiter lachen wenig und haben kaum Spaß; sie machen keine gemeinsame Mittagspause; die Bereitschaft zur Einigung bzw. zum Kompromiss nimmt ab; die Identifikation mit den gemeinsamen Zielen geht verloren; es kommt zu Grüppchenbildung, zu Ausgrenzung bzw. Unterdrückung Einzelner bis zum Verlassen der Gruppe.
- Die Stimmung ist schlecht: Die Luft ist zum Schneiden; es herrscht ein unfreundlicher, respektloser, rauer Umgangston; häufig kommt es zu Streit; man sieht Augenrollen und lange Gesichter; der Ton ist genervt; es herrschen Gereiztheit, Ungeduld, Intoleranz; die Diskussionen werden emotionaler; es kommt zu Zickenkrieg oder Bullengerangel.

Kurz: Es liegt etwas in der Luft, man kann es nicht greifen und nicht genau benennen, aber die Stimmung im Team ist schlecht und die Zusammenarbeit funktioniert nicht gut.

4. Zwischen zwei Bereichen besteht ein Konflikt

- Es entstehen negative Meinung über die anderen: Man redet schlecht übereinander; »Die ... wieder!«; es kommt zu internen Diskussionen über die anderen, zu Lästereien; die Gerüchteküche brodelt; man hat Vorurteile, sieht die Fehler nur bei den anderen; es kommt zu Schuldzuweisungen; die Toleranz sinkt; es entstehen gegenseitige Konkurrenz und Feindbilder; das Team rückt zum Schutz gegen außen näher zusammen.
- Es findet keine Kooperation statt: Man redet nicht miteinander; die Abstimmung ist schlecht; Mitarbeiter gehen sich gegenseitig aus dem Weg; es kommt zu räumlicher und sozialer Isolation; man redet aneinander vorbei, fokussiert auf Unterschiede; die Fronten verhärten sich; man hört abfällige Bemerkungen übereinander; die Körpersprache ist abweisend.
- Es kommt zu inhaltlicher Abgrenzung: Es gibt unvereinbare Interessen, unterschiedliche Zielvorstellungen, Herangehensweisen und Qualitätsvorstellungen; das Verständnis für die Prozesse der anderen Gruppe fehlt; die Standpunkte sind festgefahren; Absprachen werden nicht eingehalten.

Kurz: Es ist Sand im Getriebe, und keiner ist mit der Zusammenarbeit zufrieden. Die Grundhaltung auf beiden Seiten ist: »Die« sind schlecht und »Wir« sind gut. Gegenseitige Wertschätzung fehlt, Kooperation und Austausch finden nicht (mehr) statt.

Ursachenforschung statt Symptombehandlung

Es ist ähnlich wie bei der Unterscheidung zwischen unserer guten Absicht und der Wirkung, die wir bei anderen erzeugen. Auch bei den Konfliktwarnsignalen geht es darum, zu unterscheiden. Und zwar zwischen Symptom und Ursache. Das Warnsignal ist lediglich ein Ausdruck dafür, dass etwas nicht oder nicht mehr stimmt. Das Warnzeichen gibt uns einen Hinweis, liefert aber keine Erklärung mit. Es gibt keine Auskunft über seine Bedeutung. Die Herausforderung: Wir dürfen uns nicht von dem Symptom auf die falsche Fährte locken lassen, sondern müssen hinter die Fassade blicken, um die Ursache, also den Auslöser, zu finden.

Das Problem: Häufig fühlen wir uns von einem Warnsignal verunsichert oder provoziert. Es zieht unsere gesamte Aufmerksamkeit auf sich, und wir beschäftigen uns damit, wie wir darauf reagieren sollen. Statt es als Hinweis zu erkennen und unsere Aufmerksamkeit auf die Suche nach der dahinterliegenden Ursache zu lenken, bleiben wir in der Symptombehandlung stecken.

Kennen Sie das? Wenn ein Teammitglied im Meeting ausrastet, den Stift demonstrativ auf den Tisch knallt, wutschnaubend den Raum verlässt und noch die Tür hinter sich zuknallt, sind Führungskräfte eher darauf konzentriert, diesem Fehlverhalten einen Riegel vorzuschieben. Sie befürchten einen Gesichtsverlust vor den anderen und geraten unter Druck. Statt in Erfahrung zu bringen, wie es zu diesem Ausbruch gekommen ist, geben sie eine Abmahnung, um klar zu machen, dass sie ein derartiges Verhalten nicht dulden.

Wir wissen es bereits: Konfliktmanagement ist Emotionsmanagement. Brechen aufgewühlte Gefühle ungebremst aus dem Mitarbeiter hervor, sind Führungskräfte häufig erst einmal sprachlos. Denken wir an eine weinende Mitarbeiterin. Gerade männliche Chefs fühlen sich hier überfordert. Sie konzentrieren sich darauf, den Tränenfluss zu stoppen und Trost zu spenden, und übersehen dabei häufig, hinter die Tränen zu blicken.

Praxisbeispiel

Die Geschäftsführung erhält einen anonymen Brief. Darin steht: »Wisst Ihr überhaupt, wie inkompetent unsere neue Chefin ist und wie sie sich danebenbenimmt? Schmeißt die raus. Die ist eine Katastrophe und passt nicht in unsere Kultur.« Die Geschäftsführung übermittelt an alle Teams der neuen Chefin den Standpunkt, dass man derartige hinterlistige Attacken nicht duldet und voll hinter ihr steht.

Im Beispiel können wir den Reflex Symptombehandlung statt Ursachenerforschung gut beobachten. Die Geschäftsführung tadelt die Vorgehensweise, einen anonymen Brief zu schreiben, und stellt sich voll hinter die Führungskraft. Sie tut dies blindlings, ohne zu erforschen, wie es zu diesem Brief gekommen ist. Damit hat sie auf das Symptom anonymer Brief reagiert. Der Sender des Briefes wird enttäuscht sein, denn niemand interessiert sich für seine Not, die ihn zu diesem Brief veranlasst hat.

Das tut man nicht – Symptome

Auch die Geschäftsführung würde uns sicher zustimmen, dass sie sich kein eigenes Bild der Lage gemacht hat. Sie wird vermutlich mit der betroffenen Führungskraft gesprochen haben, und nach gemeinsamer Beratung wird man zu dem Ergebnis gekommen sein, dass dieses Verhalten nicht konstruktiv, sondern destruktiv ist. Ein No-Go im Unternehmensalltag, dem man ein deutliches Signal entgegensetzen möchte. Erkennen Sie die gute Absicht der Führungsmannschaft?

Doch welche Wirkung entsteht bei den Mitarbeitern?

Etwa so: Die Führungskräfte halten zusammen und egal, was hier ein Chef macht, er bekommt Rückendeckung von oben. Die interessiert nicht einmal, was er da tut und was wir ihnen sagen wollen.

Gut? Nein, nicht gut.

Noch einmal: Konfliktmanagement ist Emotionsmanagement. Da geht es nicht immer vornehm zu. In schlimmeren Fällen ist der Verstand weitestgehend ausgeschaltet, und die aufgebrachten Gefühle übernehmen das Steuer. Dann wird es durchaus auch mal hässlich.

Kleiner Exkurs: Konfliktenergie ist eine explosive Urgewalt, die nicht zu unterschätzen ist. Sie führt im schlimmsten Fall dazu, dass sich Menschen gegenseitig umbringen. Die Zeitungen sind voll davon. Unser Straf- und Zivilrecht sieht mildere Strafen bei Affekthandlungen bis hin zur Schuldunfähigkeit vor. Denn man weiß, dass der Mensch in Extremsituationen die Kontrolle über sein Handeln verlieren kann.

Dieser kleine Exkurs soll uns darauf hinweisen, dass es zum Wesen von Konfliktwarnsignalen gehört, dass sie unbequem sind. Verhärtete Gesichtszüge, ein unfreundlicher Ton und aggressive Handlungen sind nie schön. Sie sind eben der Ausdruck einer Störung. Statt diese wertvollen Boten jedoch ausschließlich zu maßregeln und damit vorschnell abzuweisen, sollten wir sie willkommen heißen. Sie machen uns darauf aufmerksam, dass etwas nicht oder nicht mehr stimmt und geklärt werden muss. Als Wetterkundige sollte uns das aufmerken lassen. Denn unsere Erfahrung lehrt uns, dass sich hier etwas zusammenbraut.

Fazit: Unsere innere Ablehnung der Warnzeichen steht uns bei der Konfliktklärung im Weg.

Besser wäre es, wir erschreckten nicht vor ihrer unschönen Erscheinungsform, sondern würden ihr Potenzial erkennen und für uns nutzen. Genauso wie wir es in anderen Zusammenhängen richtig machen.

Hier ein Beispiel: Wenn wir morgens mit furchtbaren Kopfschmerzen aufwachen, dann macht es einen Unterschied, ob das von dem rauschenden Fest am Abend zuvor kommt, bei dem wir ordentlich einen über den Durst getrunken haben, oder ob wir befürchten müssen, dass es der Beginn einer schweren Grippe sein könnte. Das Symptom ist dasselbe: heftige Kopfschmerzen. Doch die Ursache ist verschieden. Erst wenn wir hinter dem wahrgenommenen Symptom die richtige Ursache erkennen, können wir seine wahre Bedeutung verstehen und entsprechende Maßnahmen einleiten.

Selbst wenn die Maßnahme in unserem Beispiel in beiden Fällen die gleiche wäre, nämlich eine Kopfschmerztablette zu nehmen, so hätten wir dennoch eine unterschiedliche Einstellung zur Problematik. Im Falle der Partyfolgen würden wir uns trotz der Schmerzen gern an den aufregenden Abend erinnern und dabei in uns hineingrinsen. Im Falle einer schweren Grippe würden wir eher sorgenvoll auf die kommenden Tage blicken und uns einfach nur schlecht fühlen. Wir würden unterschiedliche Konsequenzen ziehen. Im Partyfall würden wir uns vornehmen, beim nächsten Mal weniger zu trinken und früher nach Hause zu gehen.

Im Grippefall würden wir überlegen, zum Arzt zu gehen, und uns Medikamente und eine Krankmeldung besorgen.

Sie merken: Die Ursache des Symptoms ist entscheidend für dessen Bewertung und die eventuellen Konsequenzen, die wir daraus ziehen.

Noch einmal: Die Konfliktwarnsignale geben uns einen wertvollen Hinweis darauf, dass irgendetwas nicht oder nicht mehr stimmt. Sie machen deutlich, dass wir uns dem Thema zuwenden müssen. Sie geben allerdings noch keinerlei Auskunft darüber, was konkret dahintersteckt und was zu tun ist.

Mit Störsignalen kompetent umgehen

Wie sieht das überzeichnete Beispiel einer Führungskraft aus, die keine guten Karten bei einer Konfliktregelung hat?

- Sie läuft mit Scheuklappen durch den Alltag und bekommt nichts mit.
- Sie schaut bei Warnsignalen weg.
- Sie unterbindet unbequeme Warnzeichen, ohne dahinter zu schauen.
- Sie hofft, dass sich alles von selbst regelt.
- Sie ergreift vorschnell Partei, noch bevor sie mit allen Beteiligten gesprochen hat.
- Sie vorverurteilt Einzelne, das heißt, sie bildet sich ein Urteil, noch bevor sie alle Beteiligten angehört hat.
- Sie verliert das Thema immer wieder aus den Augen.
- Sie delegiert die Lösungsverantwortung an die Betroffenen.

Mit diesem Worst-Case-Szenario im Hinterkopf sehen wir uns nun an, was eine Führungskraft konkret tun kann, wenn sie die beschriebenen Konfliktwarnsignale wahrnimmt. Starten wir bei dem Zeitpunkt, an dem uns etwas auffällt.

1. Bemerken

Gratulation, das ist bereits der erste wichtige Schritt zur Lösung! Denn eine Konfliktursache bleibt häufig zunächst völlig unbemerkt. Sind wir dann an dem Punkt, an dem wir ein Störsignal empfangen, so ist das als erster Erfolg zu werten. Nun geht es darum, diesen Moment, an dem uns etwas auffällt, festzuhalten, und nicht gleich mit dem nächsten Gedanken wieder darüber hinwegzugehen. Das ist gar nicht so leicht, weil häufig keine drängende Aufforderung zum Handeln im Raum steht und gleichzeitig an anderen Stellen die Hütte brennt.

Denken wir noch einmal an das Beispiel mit der Mitarbeiterin, die wutentbrannt das Meeting verlässt. Die Situation verlangt nicht unbedingt sofortiges Handeln. Die Führungskraft könnte auch einfach zur Tagesordnung übergehen und weitermachen. Sie könnte sich noch länger über die unmögliche Mitarbeiterin ärgern, den Kopf über ihr ungebührliches Verhalten schütteln, zu Hause davon erzählen, planen, sich die Mitarbeiterin demnächst zur Brust zu nehmen, um den Vorfall dann in der Hektik des Alltags wieder zu vergessen. Irgendwann ist das Thema Schnee von gestern und man legt es ad acta oder macht sich einen Vermerk für das nächste Mitarbeitergespräch. Damit wir uns nicht missverstehen: Das ist keine Empfehlung, sondern die Beschreibung des ganz normalen Wahnsinns im Führungsalltag.

2. Innehalten

Nehmen wir Konfliktwarnsignale wahr, halten wir kurz inne. Wir lenken unsere Aufmerksamkeit auf die Beobachtung und denken darüber nach.

3. Symptome beobachten und bewerten

Häufig reichen die gesammelten Daten nicht aus, um einschätzen zu können, ob wir handeln müssen. Dann ist es sinnvoll, das Ganze eine Weile im Auge zu behalten und zunächst weiter zu beobachten. Wir wollen wissen, ob es sich nur um eine unerhebliche Momentaufnahme handelt oder ob wir eingreifen müssen. Erkennen wir, dass kein Handlungsbedarf besteht, so lassen wir das Thema wieder los.

4. Diagnostizieren und Ursachen erforschen

Kommen wir zu dem Schluss, dass wir das Ereignis nicht unkommentiert stehen lassen können, sondern hinterfragen oder eine Korrektur vornehmen müssen, dann benötigen wir eine Konfliktdiagnose. Bevor wir uns ein Urteil bilden, geben wir allen Beteiligten die Gelegenheit, sich zu den Ursachen zu äußern. Wie Sie das genau machen und was anschließend zu tun ist, erfahren Sie in Teil B.

PRAXISCHECK

Überlegen Sie bitte, welche Konfliktwarnsignale sich in letzter Zeit in Ihrem Umfeld gezeigt haben. Wie sind Sie damit umgegangen? Womit sind Sie in der Rückschau zufrieden? Was hat gefehlt? Was war nach Ihrem heutigen Kenntnisstand ungeschickt?

Was bringt es mir, wenn ich das weiß?

Ich bin nun Wetterkundiger in Bezug auf Stimmungen. Ich kenne die Warnsignale und weiß diese richtig zu deuten. Ich kann zwischen Symptom und Ursache unterscheiden. Ich lasse mich bei unkontrollierten Gefühlsausbrüchen nicht davon abhalten, die wahren Ursachen zu erforschen. So verliert das Warnsignal seinen Schrecken und wird zu meinem Freund.

3.2 Konflikte sortieren und erkennen, was es braucht

Wir wissen es bereits: Jeder Konflikt ist ein Unikat und muss für sich betrachtet und gelöst werden. Das ist eine echte Herausforderung. Bei genauerer Betrachtung liegen hinter diesen einzigartigen Konfliktgeschichten verschiedene Konfliktarten, in die sie sich einsortieren lassen. Das macht es leichter. Die Vorgehensweise ähnelt dem Wäschesortieren: Wir trennen die einzelnen Kleidungsstücke nach 30 Grad, 60 Grad oder Kochwäsche, hell oder dunkel, und wissen anschließend, wie wir das jeweilige Kleidungshäufchen zu behandeln haben. Analog dazu ordnen wir einen Konflikt erst seiner Art zu und leiten dann daraus ab, welches Führungsverhalten es braucht. Jede Konfliktart birgt eine bestimmte Grundproblematik in sich. Dennoch gibt es komplexe Konflikte, die nicht einer Kategorie klar zugeordnet werden können, sondern verschiedene Teile vermischen.

Im Folgenden lernen Sie sechs Konfliktarten kennen und erhalten zu jeder Art eine Empfehlung, mit welchem Vorgehen Sie zu einer guten Lösung kommen.

Der Zielkonflikt

Üblicherweise verfolgt jeder im Unternehmen mit seinem Handeln bestimmte Ziele. Entsprechend unserer Funktion sind diese Ziele unterschiedlich und konkurrieren teilweise mit den Zielen unserer Teamkollegen oder Kollegen aus anderen Bereichen oder sogar mit anderen eigenen Zielen. Dann kann uns die Zielverfolgung eines anderen bei unserer Zielerreichung behindern und unser Fortkommen mühsam machen.

Praxisbeispiel

Der IT-Vertrieb hat das Ziel, eine neue Software möglichst schnell auf den Markt zu bringen und möglichst viele Lizenzen davon zu verkaufen. Die Konkurrenz schläft nicht und ist an vergleichbaren Entwicklungen dran. Bereits während sich das Produkt noch im Entstehen befindet, ist der Vertrieb vor Ort beim Kunden und preist das Produkt an. Dabei kommt es vor, dass er bei entsprechendem Kundenbedarf eine Funktion verspricht, über die das Programm noch gar nicht verfügt. Die Überlegung des Vertriebs ist: »Wenn wir es dem Kunden nicht verkaufen, verkauft es ihm die Konkurrenz. Und die haben diese Funktion auch noch nicht entwickelt.« In der Fachsprache nennt man dieses Vorgehen »den Markt besetzen«.

Die Kollegen aus der Entwicklung haben dafür allerdings keinerlei Verständnis. Ihr Ziel ist es, möglichst gute Produkte mit hoher Qualität zu entwickeln. Wie soll das bei unrealistischen Zeitvorgaben funktionieren?

In jedem Unternehmen sind unzählige Zielkonflikte angelegt. Sie sind sogar grundsätzlich vom Unternehmen erwünscht. Warum? Sie gewährleisten, dass die unterschiedlichen Bereiche im Unternehmensinteresse und unter Berücksichtigung aller Ziele um die beste Lösung ringen. Natürlich kostet das alle Beteiligten Zeit, Kraft und Nerven. Aber solche Auseinandersetzungen sind nicht überflüssig, sondern sinnvoll und notwendig.

Das Problem: Im Alltag trennen die Beteiligten oft nicht zwischen ihrer Rolle und ihrer Person. Sie fühlen sich dann in der Auseinandersetzung persönlich angegriffen und reagieren emotional. Statt eines Raufens um die Sache entsteht Streit unter den Kollegen.

Die Gefahr: Zielkonflikte können zu lähmenden Endlosdiskussionen, zu Machtkämpfen und Verletzungen führen.

Was tun?

Ein Zielkonflikt lässt sich lösen, wenn allen Konfliktparteien klar ist, dass sie unterschiedliche Ziele verfolgen, und dies gegenseitig respektieren.

Für die Führungskraft heißt das Folgendes: Sie macht zunächst transparent, welche unterschiedlichen Ziele der Kollegen sie vermutet bzw. erkennt. Sie erklärt, warum das richtig so ist und dass jeder aus seiner Funktion heraus folgerichtig mit einer guten Absicht handelt. Sie betont, dass hier keine persönliche Störung vorliegt, sondern dass es sich »nur« um einen sachlich begründeten Zielkonflikt handelt. Sie bittet beide Parteien, sich gegenseitig ihre Ziele vorzustellen und zu erläutern. Anschließend fordert sie alle auf, die Ziele des jeweils anderen zu respektieren. Nun lädt sie die Kollegen ein, gemeinsam sachlich und konstruktiv um eine gute Lösung im Sinne des Unternehmens zu ringen. Sollte das nicht möglich sein, schlägt sie selbst einen Lösungsweg bzw. Kompromiss vor oder legt Prioritäten fest.

Der Bewertungskonflikt
Wie oft kommt es doch vor, dass man mit einem Partner nicht einer Meinung ist, obwohl man bei einem Anliegen dasselbe Ziel verfolgt. Man hat im Grunde ähnliche Ansichten und kommt dennoch zu einem unterschiedlichen Ergebnis. Bei einem Bewertungskonflikt wollen mehrere Personen dasselbe Ziel erreichen. Die Uneinigkeit besteht darin, auf welche Art und Weise sie dies am besten tun. Mit welcher Methode, welchem Vorgehen, welchen Partnern? Informationen, Sachverhalte oder Anforderungen werden unterschiedlich bewertet – selbst bei gleichem Kenntnisstand. Oder es existieren verschiedene Einschätzungen über die Wirksamkeit einer Methode. Meist gibt es alternative Vorgehensweisen, die unterschiedlich präferiert werden.

Praxisbeispiel

Das multidisziplinäre Betreuungsteam einer Palliativstation, bestehend aus Ärzten, Heilpädagogen und Psychologen, bespricht das Behandlungskonzept für einen schwerstkranken Patienten. Die Ärzte halten eine medikamentöse Behandlung für angesagt, die Heilpädagogen sehen darin ein zu großes Risiko und wollen lediglich eine homöopathische Behandlung, und die Psychologen argumentieren, dass nicht die unbedingte Lebensverlängerung, sondern die Lebensqualität an erster Stelle stehen sollte. Die Experten diskutieren mit viel Herzblut und geraten zunehmend in einen heftigen Streit mit gegenseitiger Abwertung.

Der springende Punkt ist: Viele Wege führen nach Rom. Vermutlich hat jede Sicht ihre Berechtigung. Aber im Bewertungskonflikt ist jeder davon überzeugt, dass einzig und allein sein Weg der richtige ist.

Die Gefahr: Die Führungskraft entscheidet und stellt sich damit auf die Seite einiger Teammitglieder.

Was tun?

Grundsätzlich gilt: Jeder Kollege hat ein Recht auf seine Sicht und Bewertung. Statt damit zu konkurrieren – nach dem Motto »Ich habe recht und du bist doof, sieh das doch endlich ein« –, hat jede fachliche Einschätzung Respekt verdient. Um eine gemeinsame Datenbasis sicherzustellen, werden noch einmal allen die gleichen Informationen zur Verfügung gestellt. Die verschiedenen Alternativen für eine gute Lösung werden gleichwertig nebeneinandergestellt. Das gemeinsame Ziel wird noch einmal für alle verdeutlicht. Anschließend werden den Alternativen gemeinsam sachlich Stärken und Schwächen sowie Chancen und Risiken zugeordnet. Im besten Fall kristallisiert sich dabei für alle nachvollziehbar eine beste Lösung heraus. Bei Bedarf holt die Führungskraft neutrale Sichtweisen von außen ein oder zieht weiteres Expertenwissen hinzu.

Zeigt sich, dass alle Varianten gleichwertig sind, nur eben anders, stellt sich die Frage, wer darüber entscheiden soll, welche nun umgesetzt wird. In unserem Beispiel sind es die Ärzte. Warum? Sie stehen rechtlich in der Verantwortung für das Behandlungskonzept und haben deswegen auch die Kompetenz, die endgültige Entscheidung zu treffen. Bevor sie diese Entscheidung treffen, sollten sie sich jedoch ausreichend Zeit nehmen, um alle Bedenken und Empfehlungen der anderen Fachrichtungen ernst zu nehmen, und sich wohlwollend darum mühen, deren Sichtweisen zu verstehen und in die eigenen Überlegungen einzubeziehen. Anschließend gilt es, sich bei den Kollegen für ihr Engagement und fachlichen Beitrag zu bedanken und die Entscheidung mit den Überlegungen, die zu ihr geführt haben, offen und nachvollziehbar für alle zu kommunizieren. Am Ende steht die Bitte an alle Beteiligten, die Lösung mitzutragen, mit dem Hinweis auf deren Wichtigkeit für das Gelingen des gemeinsamen Vorhabens.

Stehen alle Kollegen gleichwertig in der Verantwortung, so entscheidet die Führungskraft oder das Los. Letztendlich scheinen alle Alternativen gleichwertig zu funktionieren. Insofern kann jede umgesetzt werden.

Der Verteilungskonflikt
Hier geht es grundsätzlich um einen bestimmten »Zankapfel«, den zwei oder mehrere Parteien haben wollen. In der Folge geht es um eine als ungerecht empfundene Verteilung von Aufgaben, Ressourcen oder Vergünstigungen. Jemand hat Sorge, zu kurz zu kommen oder benachteiligt zu werden.

Praxisbeispiel

Das Team zieht vom Großraumbüro in zwei Viererbüros und ein Einzelbüro um. Bei der Verteilung der neuen Arbeitsplätze wird darum gerungen, wer die hellen Plätze am Fenster beziehen darf und wer das Einzelbüro bekommt. Bei der Diskussion darüber geraten zwei Kollegen in Streit. Beide erheben für sich Anspruch auf das Einzelbüro. Wer bekommt es?

Der Verteilungskonflikt funktioniert aber auch andersherum: wenn es um die Verteilung von etwas geht, was keiner haben will, zum Beispiel: Wer übernimmt eine unangenehme Aufgabe? Wer macht an Silvester Dienst?

Die Gefahr: Auch nach einer Regelung ist der Konflikt häufig nicht gelöst, und es kommt eventuell zu Folgekonflikten.

Was tun?

Die Führungskraft gibt zuerst dem Team die Möglichkeit, seine Wünsche und Interessen zu äußern. In unserem Beispiel fragt sie ab, wer mit wem zusammen und an welchem Arbeitsplatz sitzen möchte. Gleichzeitig stellt sie klar, dass damit keinerlei Versprechen für eine Wunscherfüllung verbunden sein kann, sondern dass es sich lediglich um eine erste Bestandsaufnahme der Interessen handelt. Was sich wie von selbst fügt, zum Beispiel vier Kollegen, die sich gern ein Zimmer teilen wollen und auch einig darüber sind, wer wo sitzt, nickt die Führungskraft erfreut ab und bedankt sich für die konstruktive Mitwirkung. Wo es sich nicht fügt, nimmt sie die Zügel selbst in die Hand und holt die Verantwortung zu sich. Würde sie die Mitarbeiter auffordern, weiterhin eigenständig nach einer Lösung zu suchen, würde sie einen Konflikt schüren.

Die Führungskraft prüft für sich, ob sie sachliche Kriterien für ihre Entscheidungsfindung anwenden kann. Im Beispiel wären das berechtigte Gründe dafür, dass einzelne Mitarbeiter mehr Anspruch auf das begehrte Einzelbüro haben als andere. Beispielsweise aufgrund der Aufgabe, eines erhöhten Geräuschpegels oder besonderen Ruhebedarfs. Diese Entscheidungskriterien macht sie im Team transparent, trifft ihre Entscheidung und verkündet sie. Sie zeigt noch einmal ihre Bemühungen auf, nach bestem Wissen und Gewissen eine faire Lösung zu finden, um möglichst viele Bedürfnisse zu befriedigen. Sie zeigt ihre Möglichkeiten und Grenzen auf und bittet alle Mitarbeiter, die Entscheidung zu akzeptieren.

Gibt es keine Entscheidungskriterien, weil grundsätzlich jeder Anspruch auf das begehrte Einzelbüro hätte, schlägt die Führungskraft ein Auswahlverfahren nach dem Zufallsprinzip vor, zum Beispiel das Los. Denn eine Entscheidung durch die Führungskraft wäre in diesem Fall unfair. Besser ist es, hier das Glück entscheiden zu lassen. Für eine faire Sitzplatzverteilung im Viererbüro schlägt die Führungskraft dem Team kreative Lösungsvarianten vor, die allesamt gerecht wären. Beispielsweise ein Wechsel der Plätze jedes halbe Jahr oder nach dem Losverfahren vorzugehen. Hier sollte die Führungskraft die Mitarbeiter einbeziehen, um zu sehen, welche Vorgehensweise das Team als am gerechtesten empfindet und welche die meiste Zustimmung erfährt.

In anderen Verteilungssituationen, etwa bei der Verteilung von Leistungsprämien, trifft die Führungskraft die Entscheidung alleinverantwortlich. Sie rechtfertigt sie nicht offen im Team, sondern bespricht mit jedem Einzelnen sein Ergebnis und zeichnet verantwortlich für die Entscheidung.

Der Wertekonflikt

Unsere Werte werden zu einem großen Teil durch unsere Sozialisation geprägt. Insofern sind sie immer auch ein Ausdruck unserer Zeit. Sie sitzen tief in unseren Herzen, sind uns sehr wichtig und nicht verhandelbar. Sie zeigen, wofür wir im Leben stehen. Das drückt sich in unserer Religion, unseren ethischen Grundwerten, unserer sozialen Einstellung zu unseren Mitmenschen und unseren politischen Überzeugungen aus. Werden unsere Werte verletzt, reagieren wir emotional. Für unsere Werte sind wir bereit zu kämpfen.

Erinnern Sie sich an meinen Kollegen, der sein Pferd als den zweitwichtigsten Menschen in seinem Leben bezeichnete? Wir haben in Kapitel 2.4 darüber gesprochen. Hätte ich weiter gegen diese – aus meiner Sicht falsche – Sicht insistiert, wäre ein tiefer Graben zwischen uns entstanden.

Die Gefahr: Wertekonflikte gehen sehr tief und führen schnell zu tiefen Kränkungen.

Was tun?

Der Wertekonflikt hat eine Besonderheit: Er ist nicht lösbar. Toleranz ist hier gefordert. Für den Umgang mit ihm ist es wichtig, dass die Führungskraft den Konflikt erkennt. Sie benennt die unterschiedlichen Werte, die sie wahrnimmt, drückt für alle Wertschätzung aus und zeigt Verständnis dafür, dass es schwierig ist, wenn diese Werte aufeinandertreffen. Sie stellt unmissverständlich klar, dass unsere persönlichen Werte nicht zur Diskussion stehen, sondern gegenseitig respektiert werden müssen. Dazu fordert sie alle Parteien auf. Im Einzelgespräch bespricht sie mit jeder Partei, wie sie dabei helfen kann, dass die Person das hinbekommt: »Was brauchst du dafür? Wie kann ich dich unterstützen?«

Gleichzeitig stellt sie die Regeln, die sich das Unternehmen gibt, dar und fordert von allen deren Einhaltung ein.

Der Rollenkonflikt

Hier geht es um unsere Funktion auf dem Jobstuhl und die damit verbundenen Anforderungen. Rollenkonflikte haben vier Hauptursachen:

- Eine Person wird in ihrer Rolle nicht anerkannt.
  Zum Beispiel: Der neue Chef war vorher Kollege. Seine Anweisungen werden im Team nicht ernst genommen.
- Eine Person kann sich nicht mit ihrer Rolle abfinden.
  Zum Beispiel: Der Mitarbeiter weist einzelne Zuständigkeiten aus seinem Aufgabenprofil von sich. Er empfindet diese Aufgaben als »niedere Dienste« und fühlt sich bei der Ausführung ausgenutzt oder erniedrigt.
- Eine Person soll zwei sich widersprechende Rollen gleichzeitig übernehmen.
  Zum Beispiel: Der Abteilungsleiter ist gleichzeitig im Betriebsrat tätig. Er muss sowohl Unternehmens- als auch Mitarbeiterinteressen vertreten. In einigen Situationen ist das unvereinbar.
- Zwei Personen kämpfen um dieselbe Rolle.
  Zum Beispiel: Jemand aus dem Team soll Sicherheitsbeauftragter werden. Zwei Kollegen interessieren sich dafür.

Die Gefahr: Rollenkonflikte gehen schnell ans Eingemachte, entstehende Kränkungen reichen tief. Extreme Reaktionen sind die Folge.

Was tun?

Hier ist es die Aufgabe der Führungskraft, Klarheit herzustellen, Aufgaben und Verantwortlichkeiten eindeutig zuzuordnen und Schnittstellen zu klären. Im Einzelgespräch macht sie die Anforderungen und Erwartungen an die Funktion des Mitarbeiters noch einmal deutlich. Sie zeigt durchaus Verständnis für Unmut bezüglich unattraktiver Aufgaben. Gleichzeitig stellt sich jedoch unmissverständlich klar, wie die Verantwortlichkeiten geregelt sind, und macht deutlich, was sie vom Mitarbeiter erwartet.

Der Beziehungskonflikt

Hier erleben die Betroffenen eine unangenehme, störende zwischenmenschliche Spannung. Sie mögen einander nicht. Entweder einfach so, weil die Chemie nicht stimmt, oder weil sie konkret irgendetwas am anderen stört. Ganz gleich, ob einer zu viel redet, ununterbrochen grinst, griesgrämig schaut, beim Essen schmatzt oder sich ständig räuspert – die Gründe für eine Ablehnung können Kleinigkeiten sein. Es können aber auch schwerwiegendere Auslöser sein: Jemand hat uns verletzt, belogen oder betrogen.

Praxisbeispiel

Die Kolleginnen Sabine und Michaela sind seit vielen Jahren beste Freundinnen. Sie genießen die freundschaftliche Zusammenarbeit im gleichen Büro. Bis zu dem Tag, an dem Sabine entscheidet, sich aus der Freundschaft zu lösen. Sie leidet unter Depressionen und bemerkt, dass sie der Austausch mit Michaela, die laufend über die Veränderungen in der Fima lamentiert, belastet. Für Michaela bricht eine Welt zusammen. Als sich Sabine verstärkt der dritten Kollegin im gemeinsamen Büro zuwendet, mit ihr tuschelt und gemeinsam in die Mittagspause geht, leidet Michaela unter Eifersucht und Verlassenheitsgefühlen. Auf Dauer wird die Spannung für alle Beteiligten unerträglich, und die Damen wissen sich nicht mehr zu helfen.

Die Gefahr: Beziehungskonflikte werden von Führungskräften häufig unterschätzt.

Und last but not least: Aus jeder anderen ungelösten Konfliktart entsteht über die Zeit ein Beziehungskonflikt. Am Ende ist es immer ein Beziehungskonflikt. Die schwierige Aufgabe für die Führungskraft besteht darin, die ursprünglichen Auslöser aufzudecken, um angemessen reagieren zu können.

Was tun?

Einen Beziehungskonflikt zu lösen ist die größte Herausforderung in der Konfliktlösungsarbeit. Die Abneigung zu einem Kollegen ist meist bereits festgefahren, bis die Störung auffällig wird. Wir wissen bereits: Die Gefühls- und die Beziehungsebene sind angeschlagen. Die Fronten sind verhärtet. Verletzungen haben stattgefunden, eigene Klärungsversuche sind gescheitert, die Betroffenen sind nicht mehr willens, aufeinander zuzugehen.

In Teil B erarbeiten wir die notwendigen Vorgehensweisen und Techniken zur Lösung. Doch so viel bereits vorweg: Es reicht nicht aus, wenn die Führungskraft an die Mitarbeiter appelliert, dass sie sich doch bitte zusammenraufen sollen. Besser ist es, wenn sie in Vier-Augen-Gesprächen die jeweilige Sicht aller Beteiligten anhört, Verständnis für die persönlichen Empfindungen zeigt, gleichzeitig jedoch ein angemessenes Rollenverhalten im Sinne des Arbeitsvertrags einfordert. Der Chef kann verlangen, dass sich die Konfliktparteien auf geschäftlicher Ebene korrekt zueinander verhalten. Um bereits entstandene Spannungen wieder zu beruhigen, moderiert er eine Aussprache zwischen den Parteien. Manchmal lässt sich die Störung aus eigenen Kräften nicht mehr lösen. Dann braucht es externe Unterstützung.

PRAXISCHECK

Überlegen Sie sich zu jeder Konfliktart eine Situation, die Sie selbst erlebt haben. Wie genau hat sich der Konflikt gezeigt?

Was bringt es mir, wenn ich das weiß?

Ich bin in der Lage, die Kernproblematik eines Konflikts zu erfassen, und kann daraus das passende Führungsverhalten ableiten. Das verleiht mir Orientierung und Sicherheit im komplexen Konfliktgeschehen.

3.3 Artenvielfalt im Büro

Mitarbeiter ist nicht gleich Mitarbeiter. Es gibt die einfach führbaren, die positiv denken, sich offen für neue Ideen zeigen, engagiert arbeiten, freundlich und hilfsbereit und vor allem kompetent sind. Es gibt aber auch die schwer führbaren, die frustriert, verbissen und verschlossen sind, sich abgrenzen, sich extrem empfindlich zeigen und alles auf sich beziehen, Dinge persönlich nehmen, schnell verletzt und überfordert, unmotiviert oder frech sind. Und natürlich gibt es nicht nur Schwarz und Weiß, sondern allerlei Grauschattierungen dazwischen.

Jeder Jeck ist anders, sagt ein kölsches Sprichwort und lädt uns ein, unsere Unterschiedlichkeiten locker anzunehmen. Seltsamerweise sind wir in dieser Hinsicht im Job tendenziell streng. Passt ein Kollege nicht ganz ins Schema, wird daraus schnell eine Störung in der Zusammenarbeit. Mit erhobenem Zeigefinger und bierernst tadeln wir sein Verhalten und werden nicht müde, darüber zu lamentieren.

Während wir im Tierreich die Artenvielfalt schätzen und uns dafür engagieren, dass sie erhalten bleibt, können wir ihr im Arbeitsumfeld offenbar nicht viel Positives abgewinnen. Es scheint, als wünschten wir uns ausschließlich Kollegen, die uns ähnlich sind und die unsere Werte und unseren Arbeitsstil teilen. Doch auch Menschen haben eine Art Artenvielfalt. Statt mit Tier- und Pflanzenarten haben wir es mit unterschiedlichen Persönlichkeitstypen, Temperamenten, Charakteren und Prägungen aus der sozialen und kulturellen Herkunft zu tun. »Wo Menschen miteinander schaffen, machen sie sich zu schaffen«, brachte es mein Kollege Friedemann Schulz von Thun einmal auf den Punkt.

Praxisbeispiel

Eine junge Assistenzärztin klagt darüber, dass ihre beiden Fachärzte Choleriker sind. Sie bekämpfen einander, werden laut und bauen Druck auf, der auch auf das Team überschwappt. Sie selbst ist eine ruhige, introvertierte, zarte Person. »Was bleibt mir da, außer zu kündigen?«, fragt sie ratsuchend.

Nicht ärgern, sondern staunen!
Am besten ärgern wir uns in Zukunft weniger und staunen mehr über die bunte Vielfalt in unserem Kollegenkreis. Denn grundsätzlich ist es so: Alles, was in einer Gesellschaft an menschlichen Problematiken existiert, findet sich auch in den Unternehmen wieder. Angefangen von schlechtem Benehmen über schwierige Charaktere bis hin zu psychischen Auffälligkeiten. Die möglichen Störfaktoren in der Zusammenarbeit sind derart vielfältig, dass eine umfassende Übersicht den Rahmen dieses Buches sprengen würde.

Und weil das nicht genug ist, kommt noch Folgendes hinzu: Jeder Mitarbeiter ist bereits von Natur aus einzigartig und unterscheidet sich von jedem anderen. Das bedeutet, dass jeder individuell wahrgenommen und geführt werden muss. Das ist für Nichtpsychologen kaum leistbar. Da ist es gut, dass wir uns alle wenigstens nach gewissen Verhaltensmustern in Gruppen zusammenfassen lassen.

Es gibt jede Menge Persönlichkeitstest, die jeweils eine eigene Sortierung der verschiedenen Typen und Muster vornehmen. Alle gängigen Modelle wie Big Five, MBTI, DISG, 4-Farben-Modell, Insights MDI halte ich für aufschluss- und lehrreich. Jedes gibt wertvolle Impulse, wie wir Andersartigkeit besser verstehen und die verschiedenen Stärken wohlwollender anerkennen und nutzen können.

Wir wollen uns aber auf keinen Fall zu einem Schubladendenken hinreißen lassen. Das wäre kontraproduktiv. Stattdessen wollen wir das Wissen über andersgepolte Persönlichkeiten nutzen, um uns – und später auch unseren Mitarbeitern – manchen Zoff im Job logisch zu erklären. Wir sprechen hier von neuen Blickwinkeln. Sie wissen schon: Wenn ich anders denke, fühle ich anders, und wenn ich anders fühle, handle ich anders.

Tickt ein Kollege anders, neigen wir eher dazu, ihn dafür zu kritisieren, anstatt einen Wert darin zu suchen. Das ist schade. Negative Gedanken führen zu schlechten Gefühlen und zu komischen Handlungen. Das müsste nicht sein. Denn tatsächlich ergänzen sich alle Qualitäten wunderbar zu einem umfassenden Kompetenzprofil, wie es eine einzelne Person niemals parat haben kann. Tauschen wir die Konkurrenz gegen Kooperation aus, erzeugen wir ungeahnte Synergieeffekte. Statt also einzelne Facetten auszugrenzen, ist es viel Erfolg versprechender, alle Facetten zu integrieren. Das ist ja eigentlich auch die Grundidee von Teamarbeit und Diversity.

Im Folgenden möchte ich Ihnen einige typische Beispiele dafür zeigen, welche gegensätzlichen Persönlichkeitstypen in meinem Beratungsalltag verstärkt Reibereien erzeugen, sobald sie aufeinandertreffen.

Extraversion versus Introversion

Zahlreiche Persönlichkeitsmodelle greifen Extraversion und Introversion als einen wichtigen Wesenszug auf.

Extravertierte sind kontaktfreudig, gesellig und enthusiastisch. Sie sprechen gern und viel und tragen das Herz auf der Zunge. Sie denken laut im Gespräch mit anderen, wollen sich einbringen und fallen im Eifer des Gefechts anderen ins Wort. Das heißt, sie reagieren prompt und antworten spontan. Introvertierte wirken auf sie manchmal langweilig, träge und unengagiert.

Introvertierte sind zurückhaltend, ruhig und reserviert. Sie hören zu, unterbrechen andere ungern und geben wenig von sich preis. Sie durchdenken die Dinge, bevor sie reden. So dauert es länger, bis sie etwas sagen, und wenn sie etwas sagen, geben sie ein Konzentrat von sich: kurz, bündig und durchdacht. Extravertierte wirken auf sie manchmal aufdringlich, unüberlegt und anstrengend.

Praktisch versus visionär
Praktiker fokussieren sich auf die Gegenwart. Die Dinge müssen greifbar und messbar sein. Sie sind realistisch, beschäftigen sich mit Fakten und vertrauen ihren Erfahrungen. Visionäre wirken auf sie oft wie Träumer, die die aktuellen Probleme übersehen.

Visionäre fokussieren sich auf das Zukünftige. Sie betrachten die Welt von einer höheren Abstraktionsebene aus, entdecken Möglichkeiten, Verbindungen und Zusammenhänge. Praktiker wirken auf sie oft wie unflexible Bremser.

Denktyp versus Fühltyp
Denktypen treffen Entscheidungen aufgrund logischer, sachlicher Überlegungen. Sie wirken häufig kühl und unpersönlich. Sie zeigen ihre Gefühle nicht.

Fühltypen treffen Entscheidungen aufgrund persönlicher Wertvorstellungen. Sie besitzen ein ausgeprägtes Einfühlungsvermögen und sind gute Menschenkenner. Sie sind freundlich und hilfsbereit. Sie wirken häufig unsachlich und unkritisch.

Struktur versus Spontanität
Die einen haben ein Bedürfnis nach Struktur, Ordnung und Klarheit. Sie arbeiten gern nach Plänen und möchten die Dinge erledigt haben. Wichtige Werte sind Pünktlichkeit und rechtzeitig fertig zu sein.

Die anderen sind offen für die kommenden Dinge und gehen spontan und flexibel damit um. Sie tolerieren Ungewissheit und ein offenes Ende und finden sich darin zurecht.

Unterschiedliche Temperamente
Das Temperament beschreibt die Art und Weise, wie wir agieren und reagieren, also unseren Verhaltensstil. Sind wir grundsätzlich eher heiter und aktiv, passiv und schwerfällig, reizbar und erregbar oder traurig und nachdenklich? Jeder Temperamenttyp hat seine spezifischen Vor- und Nachteile. Deswegen steckt darin keine Aussage darüber, wer besser oder schlechter arbeitet. Wir sind einfach verschieden. Auch unser Temperament können wir nicht beliebig verändern. Hier ist es Aufgabe jedes Einzelnen zu lernen, sein Temperamt professionell zu beherrschen.

Praxisbeispiel

Eine Mitarbeiterin gesteht der fachlichen Leiterin einen Fehler. Daraufhin knallt diese lautstark den Ordner auf den Schreibtisch und schreit sie an: »Wie oft soll ich dir das denn noch erklären!?« Jahre später erzählt ihr die Mitarbeiterin, dass sie seit diesem Vorfall Angst vor ihr hat. Die fachliche Leiterin fällt aus allen Wolken und versteht die Welt nicht mehr. Sie kann sich an die Begebenheit gar nicht mehr erinnern.

Problemfall Choleriker
Im Zusammenhang mit unserem Temperament ist der Choleriker auffallend häufig Auslöser für Unmut in seinem Umfeld. Mit seiner impulsiven, starken und unausgeglichenen Art reagiert er in kritischen Situationen mit Druck, ist aufbrausend und ungeduldig. Das erschreckt nicht nur ruhige, zurückhaltende Kollegen, sondern verletzt bei den meisten Mitmenschen die Gefühls- und die Beziehungsebene. Während er sich dafür rühmt, nicht nachtragend oder lange beleidigt zu sein, bleibt sein emotionaler Ausbruch dem Kollegenkreis nachhaltig in Erinnerung. Wir können uns bildlich vorstellen, dass er von ihnen einen Stempel auf die Stirn gesetzt bekommt. Darauf steht: Vorsicht! Unberechenbar und gefährlich. Mit diesem Stempel läuft er fortan unwissentlich durch den Alltag. Er wundert sich über die Zurückhaltung seines Umfelds und kann sie nicht einordnen.

Bestehen wesentliche Unterschiede in diesen weiteren Feldern, entstehen mit hoher Wahrscheinlichkeit Störungen in der Zusammenarbeit:

- Charaktereigenschaften wie Disziplin, Verantwortungsbewusstsein, Herzensbildung
- Werte wie Pünktlichkeit, Zuverlässigkeit, Sorgfalt, Rücksichtnahme, Gerechtigkeit
- Erziehung wie Anstand, Arbeitsmoral und Tischmanieren
- Prägungen aus der kulturellen und sozialen Herkunft
- Lebensgeschichtliche Umstände, Krisen, Lebensphasen
- Persönliche Zufriedenheit bzw. Unzufriedenheit mit dem Beruf
- Intelligenz wie Auffassungsgabe, Leistungsfähigkeit

Praxisbeispiel

Sabine wirkt seit beinahe 30 Jahren erfolgreich im Unternehmen. Die Arbeit hat ihr immer Spaß gemacht, doch seitdem sie mit ihren jungen Teamkollegen im Großraumbüro sitzt, ist sie nur noch schlecht drauf. Wegen ihrer Hitzewallungen braucht sie Frischluft, doch die jungen Mädels sind verfroren. Zudem benötigt sie Ruhe, um sich zu konzentrieren, und kann das oberflächliche Geschnatter der Jungen nicht mehr ertragen. Sie zieht sich vollkommen zurück und rettet sich von einem Krankenstand in den nächsten.

Noch einmal: Wann immer es zu behindernden Reibereien im Team kommt, die die Beteiligten aus eigener Kraft nicht lösen können, trifft es am Ende uns als Führungskräfte. Statt sich einfach auf eine Seite zu schlagen, nämlich die, die uns persönlich näher ist, sollten wir besser eine Brücke zwischen den Streitparteien schlagen, schlichten oder eine gerechte Entscheidung treffen.

Ein paar gedankliche Hilfslinien
Dabei hilft es uns, wenn wir den Mitarbeitern neue Blickwinkel anbieten, um mehr Toleranz und Miteinander zu fördern. Gleichzeitig haben wir klare Grenzen im Kopf und wissen, wann wir ein deutliches Stopp setzen müssen, um weiteren Schaden zu verhindern. Hier ein paar Hilfslinien:

Jeder Jeck ist anders

Menschen lassen sich nicht beliebig ändern. Manche Eigenarten sind Teil unserer Natur und verdienen allein deswegen Respekt. Jeder hat sein Temperament, seine Persönlichkeit, seine Werte. Ein Löwe wird immer ein Löwe bleiben und niemals zu einem freundlichen Delphin mutieren. Er hat seine Stärken, kann sich jedoch nicht mit seiner ganzen Kraft zumuten. Schafft er es nicht selbst, sich im Sinne der bedingten Authentizität zu regulieren und Teile, die nicht in den Job passen, zu Hause zu lassen, obliegt es der Führungskraft, ihn zu zähmen. Mit wohlmeinenden Empfehlungen, inbrünstigen Appellen oder unmissverständlichen Anweisungen erreichen wir hier allerdings nicht viel. Jeder Mensch möchte sich in seiner guten Absicht gesehen fühlen. Wir gehen also pfleglich mit seiner Natur um, erkennen seine Schönheit an und stecken gleichzeitig den Rahmen klar ab.

Statt Konkurrenz besser Synergie erzeugen

Jeder Persönlichkeitstyp hat seine Stärken. Diese wollen wir nutzen. Dafür ist es notwendig, dass wir sie erkennen und schätzen.

Bei all der Vielfalt braucht es ein paar Regeln für die Zusammenarbeit, an die sich alle halten müssen, damit das Miteinander funktioniert. Wir wissen es bereits: Wir können nicht nur, nein, wir müssen von allen Mitarbeitern Anstand und Respekt im Umgang miteinander einfordern. Jeder Mitarbeiter muss sich soweit im Griff haben, dass er störende Facetten seiner Persönlichkeit zu Hause lässt und im Job professionell agiert. Dabei reicht es nicht, dass der Einzelne der Meinung ist, dass er dies tut. Das Umfeld muss es auch so empfinden.

Kollegen sind Kollegen, nicht Freunde

Allen sollte klar sein, dass es nicht darum geht, mit jedem Kollegen »best buddy« sein zu müssen. Das ist nicht notwendig. Wir sind im Job. Es geht lediglich um eine konstruktive, kollegiale Zusammenarbeit.

Es braucht eine positive Gefühls- und Beziehungsebene

Dafür ist ein respektvoller und wertschätzender Umgang auf Augenhöhe unverzichtbare Voraussetzung. Daran führt kein Weg vorbei. Wir können und müssen dies von jedem einfordern.

PRAXISCHECK

Überlegen Sie für jeden Mitarbeiter in Ihrem Team:

- Was ist seine Stärke? Wie zeigt sich das in der Arbeit?
- Welche Qualitäten hat er nicht? Wer könnte ihn ergänzen?
- Welches Temperament hat diese Person?
- An welcher Stelle ist das positiv? Wann wirkt das störend?
- Wer hält die Grundregeln für eine konstruktive Zusammenarbeit ein? Wer nicht?
- Wo sehe ich welchen Handlungsbedarf?

Was bringt es mir, wenn ich das weiß?

Ich weiß um die Artenvielfalt in meinem Team und blicke mit einem liebevollen Blick auf die unterschiedlichen Wesenszüge meiner Mitarbeiter. Ich versuche, das Wesen jedes einzelnen Mitarbeiters ganzheitlich zu erfassen, zu verstehen und wertschätzend damit umzugehen. Im Sinne der Artenvielfalt achte ich darauf, dass seine Art erhalten bleibt. Statt bei Störungen situativ einzelne Facetten der Persönlichkeit lediglich zu bemängeln, kann ich Verständnis zeigen und trotzdem notwendige Korrekturen vornehmen. Ich verletze den Mitarbeiter nicht unnötig und gehe auch bei Kritik pfleglich mit der Gefühls- und der Beziehungsebene zu ihm um.
Drei Einschätzungen helfen mir dabei:

1. Welche Persönlichkeitstypen gibt es?
Ich weiß, was es außer mir sonst noch so gibt auf der Welt, und was den Unterschied ausmacht. Ich verstehe, warum es schwierig ist, wenn diese verschiedenen Bedürfnisse aufeinanderprallen. Ich erkenne, was das Positive an der Andersartigkeit sein könnte, wenn es gelingt, miteinander zu kooperieren, statt zu konkurrieren. Ich reflektiere, wo Synergien entstehen könnten, mit dem Ziel, Wertschätzung statt Ablehnung für die andere Art zu entwickeln. Wenn es nichts Positives gibt, kann ich die Hintergründe einschätzen. Ich entwickle Mitgefühl bei besonderen Schwierigkeiten. Ich kann Potenziale und Grenzen der Veränderungsmöglichkeiten einschätzen.

2. Welcher Typus bin ich selbst?
Ich bin mir meiner selbst bewusst und weiß um meine Stärken und Schwächen. Ich nehme mich nicht als Maß aller Dinge. Ich suche mir nicht nur ähnliche Mitarbeiter aus. Bei Dissenz stimme ich nicht denen zu, die ähnlich wie ich ticken, sondern berücksichtige auch die anderen Typen.

3. Wie schätze ich meine Mitarbeiter ein?

3.4 Wie Sie aufgewühlte Gefühle beruhigen

Um zu wissen, wie sich Konflikte lösen lassen, hilft es, die vorherrschende Dynamik immer besser zu verstehen. Erinnern Sie sich an die sechs Faktoren, die es braucht, damit aus einem Problem ein handfester Konflikt wird? Einer davon ist, dass beide Parteien davon überzeugt sind, recht zu haben.

Die Folge daraus kennen wir alle: Jede Partei versucht mit zunehmender Vehemenz, den anderen von ihrer Sichtweise zu überzeugen. Stellen Sie sich bitte bildlich vor, dass sich während der Auseinandersetzung über die Konfliktparteien so etwas wie eine gläserne Glocke gestülpt hat. Das Problem: Keiner der beiden ist sich bewusst, dass er unter seiner Glocke sitzt. Da diese durchsichtig ist, glauben beide, sie hätten eine klare und unverstellte Sicht auf den anderen und auf das Problem. Jeder trägt nun seine Argumente vor und erwartet Einsicht beim Gegenüber. Doch die kommt auf diese Weise nicht zustande. Stattdessen findet lediglich ein Schlagabtausch statt: Argument-Gegenargument, Argument-Gegenargument und so weiter. Die Aussichten auf Verständigung sind für beide Parteien denkbar ungünstig, da beide gleichzeitig – und erfahrungsgemäß immer verbitterter – um ihr Recht kämpfen. Das zermürbt. Mit der Zeit bekommt jeder das Gefühl, alles versucht zu haben, um eine Klärung herbeizuführen, und sieht die Schuld daran, dass es dennoch nicht funktioniert hat, beim anderen.

Am Ende trifft die Haltung »Ich habe recht, und du bist doof« auf die Haltung »Nein, ich habe recht, und du bist doof«.

Abb. 4: Jeder ist in seiner Sicht- und Erlebensweise gefangen. Ein echter Austausch findet nicht statt

Die meisten Betroffenen suchen dann verständlicherweise ein Ventil bei den Mitmenschen in ihrem Umfeld. Da jeder, der empathisch zuhört, dadurch mit unter die Glocke des Betroffenen schlüpft und sich in die Situation einfühlt, wird der Betroffene umso mehr darin bestätigt, im Recht zu sein, und versteift sich so immer mehr auf seine Position.

Abb. 5: Ich habe recht – die anderen sagen das auch

Wie verlassen wir diesen Teufelskreis?

Eines steht fest: Für eine klärende Auseinandersetzung müssen die Glocken weg. Statt im Gegenüber den Feind zu sehen, der besiegt werden muss, braucht es den Respekt vor der Sichtweise des anderen. Statt Worten, die zur Waffe werden, braucht es ein offenes Ohr für die Belange des Kollegen. Doch bevor das möglich wird, ist noch ein wesentlicher Schritt nötig.

Um den anderen zu verstehen, müssen wir wissen, wie wir in Konflikten funktionieren. Ich stelle das mal vereinfacht dar:

Wenn Kopf und Bauch ins Ungleichgewicht geraten

In entspanntem Zustand sind unser Kopf (die Welt des Denkens) und unser Bauch (die Welt des Fühlens) in Balance und steuern in ausgeglichener und adäquater Weise unser Verhalten. Mit unserem Kopf können wir klar und logisch denken. Mit unserem Bauch nehmen wir unsere Empfindungen wahr. Im ruhigen Zustand stehen uns Verstand und Gefühle also gleichermaßen zur Verfügung, um angemessen zu agieren.

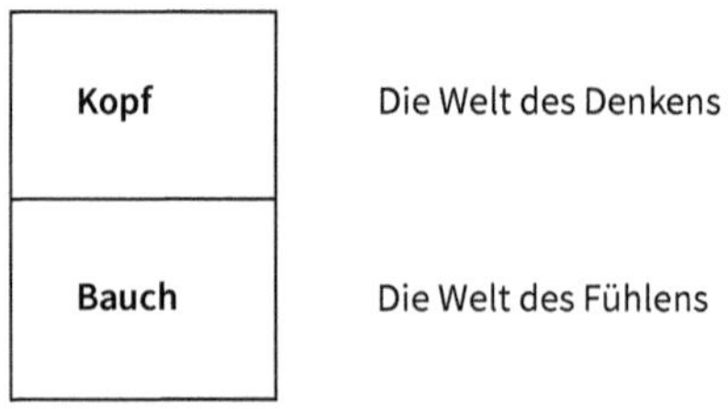

Abb. 6: Im entspannten Zustand sind wir ausgeglichen

Befinden wir uns allerdings in einem Konflikt, wirken Worte, Tonfall, Gesichtsausdruck und Körperhaltung des Gegenübers häufig wie ein Faustschlag in die Magengrube. Wir reden dann davon, dass etwas unter die Gürtellinie geht, nämlich den Bereich der Gefühle verletzt. Wenn das der Fall ist, sind wir aufgebracht und aufgewühlt. Bereits diese Worte (»aufgebracht« und »aufgewühlt«) beschreiben treffend, dass sich Emotionen ausbreiten und zunehmend Raum einnehmen. In dem Maße, in dem sich jedoch unsere Emotionen in uns ausbreiten, verringern sie den Handlungsspielraum für unseren Verstand. Je nachdem wie stark unsere Emotionen sind und wie viel Raum sie dementsprechend einnehmen, sind sie sogar in der Lage, unseren Verstand regelrecht außer Gefecht zu setzen.

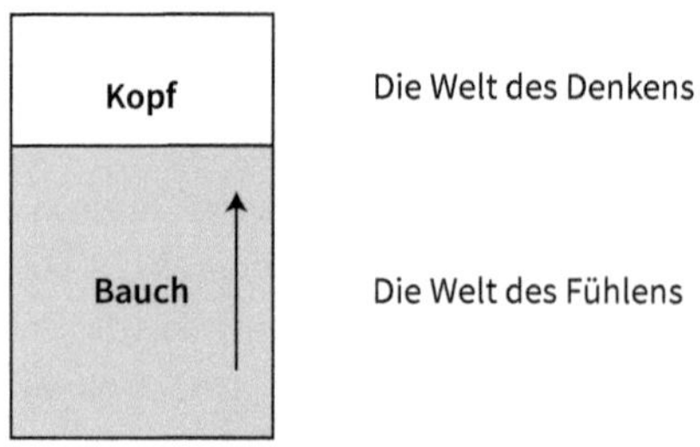

Abb. 7: Im Konfliktfall übernehmen unsere Gefühle das Steuer

Dies ist spätestens dann der Fall, wenn die Argumente unsachlich werden, wenn ein Wort das andere gibt und wenn die Beteiligten sich gegenseitig – verbal und nonverbal – nicht mehr ernst nehmen oder sogar respektlos auftreten.

Das Verhalten erinnert dann an die berühmte Sandkastenschlacht, in der sich die Kontrahenten gegenseitig die Schaufeln auf die Köpfe hauen.

Klar ist: Die kindlichen Sandkastenkrieger sind nicht in der Lage, ihre Unstimmigkeiten zu begraben, solange sie von ihrer aufgeregten Empfindung gesteuert werden. Für eine Aufklärung brauchen wir unseren gesunden Menschenverstand, und zwar möglichst viel davon. Also sollte er bestenfalls nicht eingeschränkt sein.

Was ist also zu tun?

Keine Angst vor Emotionen!
Verlieren Sie die Angst vor den Emotionen anderer. Emotionen sind lediglich ein untrügliches Kennzeichen unserer Spezies und dienen einem nützlichen Zweck: Sie zeigen uns auf, dass etwas nicht stimmt und folglich geklärt werden muss. Erkennen Sie diesen Nutzen, und heißen Sie Emotionen willkommen. Lernen Sie, professionell mit ihnen umzugehen, und sorgen Sie selbst für das wünschenswerte Klima in Ihrem Team. Als Führungskraft ist es Ihre Aufgabe, gerade jetzt Herr der Lage zu bleiben. Übernehmen Sie die Rolle des Wettergottes: Druck rausnehmen und Empathie zeigen.

Im ersten Schritt geht es darum, den sprichwörtlichen Dampf abzulassen. Wir müssen – bildlich gesprochen – erst einmal ein Ventil öffnen, um Druck abzulassen. Erst wenn unsere aufgebrachten Emotionen gewichen sind, ist wieder genug Platz für den notwendigen Verstand.

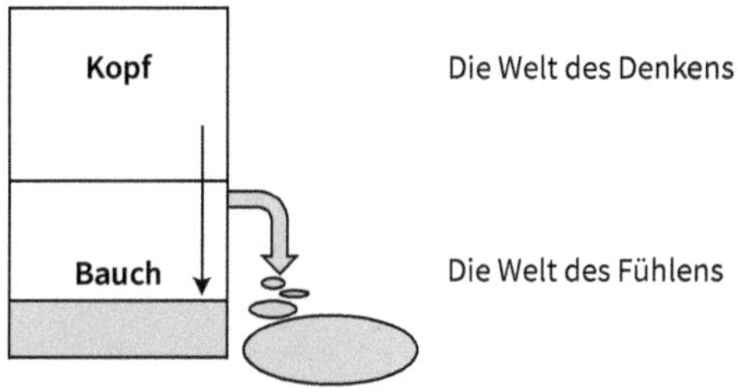

Abb. 8: Die aufgewühlten Emotionen müssen sich beruhigen

Na bestens: Wenn die Streithähne ihren Druck ablassen, fliegen die Fetzen, wird vielleicht der ein oder andere denken.

Stimmt, das hatten wir bereits im vorangegangenen Kapitel. Genau das wollen wir vermeiden. Ich präzisiere: Gemeint ist nicht, dass die Mitarbeiter Dampf ablassen, indem sie ihren Ärger ausagieren. Es geht jetzt um Sie: wie Sie als Führungskraft die aufgewühlten Emotionen sukzessive beruhigen, um die Mitarbeiter wieder herunterzukühlen. Besonders, wie Sie das professionell tun.

Fassen wir die Ausgangslage noch einmal zusammen: Die aufgebrachten Emotionen steuern das Denken und Handeln Ihrer Mitarbeiter. Das rationale Denken ist dadurch eingeschränkt. Appelle an den gesunden Menschenverstand können Sie sich im Augenblick sparen, denn sie werden ihre Wirkung verfehlen. Das Einzige, was jetzt hilft, ist, die aufgewühlten Emotionen in vier Schritten zu beruhigen:

Schritt 1: Die Emotionen müssen auf den Tisch. Es braucht die Erlaubnis, offen über sie zu sprechen.
Keine Angst: Sie müssen nicht zum Therapeuten mutieren. Im Gegenteil: Das Ganze soll sich soweit wie möglich auf den Geschäftsalltag beziehen. Und Sie werden es dort hinlenken. Statt die – häufig durchaus unangenehme – Form, wie sich die Gefühlslage des Mitarbeiters ausdrückt, zu unterbinden, laden Sie ihn ein, Ihnen die Ursachen zu erläutern. Sie drücken Ihren ehrlich gemeinten Wunsch aus, sein Verhalten verstehen zu wollen.

Schritt 2: Die Emotionen müssen ernst genommen und dürfen nicht wegdiskutiert werden.
Sie starten keine Versuche, die Sicht des Mitarbeiters zu korrigieren oder zu verändern, und kommen auch nicht mit einer schnellen Lösungsidee um die Ecke. Stattdessen hören Sie aufmerksam zu und lassen das auch erkennen.

Schritt 3: Die Emotionen müssen verstanden werden, wobei »verstehen« nicht gleichbedeutend sein muss mit »einverstanden sein«.
Statt zu widersprechen oder Missverständnisse aufzuklären, stellen Sie vertiefende Fragen, bis Sie verstanden haben, worum es dem Mitarbeiter geht. Sie spiegeln ihm, was bei Ihnen angekommen ist, und hinterfragen, ob Sie ihn richtig verstanden haben.

Schritt 4: Es braucht ein glaubwürdiges Bemühen um eine gute Lösung. Eine gute Lösung lässt sich nicht erzwingen. Sie ist eine, die für alle passt.
Sie machen deutlich, dass Ihnen an einer guten Lösung im Sinne aller Beteiligten gelegen ist. Sie nehmen den Mitarbeiter mit in die Verantwortung und integrieren ihn in die Lösungssuche.

Wie Sie das genau umsetzen, werden wir teils in Kapitel 4 und vor allem in Teil B gemeinsam erarbeiten. Und keine Sorge: Auch wenn es zunächst kompliziert klingt – im Endeffekt werden Sie erstaunt und erleichtert sein, wie simpel sich die Techniken letztlich anwenden lassen.

Ein Nachsatz noch:

Wir dürfen eines nicht vergessen: Auch Führungskräfte haben Gefühle und drücken diese in irgendeiner Form aus. *Aber wer kümmert sich dann um mich?*, fragen Sie sich. Klare Antwort: Niemand. Wir haben bereits darüber gesprochen. Impulskontrolle wird vorausgesetzt. Erinnern Sie sich? Grundsätzlich gilt: Wenn sich Ihre Leute aufregen, nutzt es Ihnen nichts, wenn Sie sich auch aufregen. Es schadet Ihnen sogar. Doch leider lässt sich das nicht immer verhindern. Dann heißt es: Selbst ist der Mann und die Frau.

Wenden Sie die vier Schritte zur Beruhigung Ihrer aufgewühlten Emotionen im inneren Dialog bei sich selbst an. Es kann auch helfen, wenn Sie Ihren gesamten Frust niederschreiben. Nehmen Sie Ihre Gedanken und Gefühle ernst, und zeigen Sie Verständnis und Mitgefühl für Ihre Empfindungen aufgrund der misslichen Lage. Suchen Sie nach einer geeigneten Interpretation für die herausfordernden Umstände.

Schauen Sie, so wie hier:

> **Praxisbeispiel**
>
> Ein Geschäftsführer erkennt, dass eine Gruppenleiterin Ihrer Führungsrolle nicht gewachsen ist. Er geht mit ihr dazu ins Gespräch und sucht gemeinsam mit ihr nach einer guten Lösung. Das Problem: Die Gruppenleiterin ist sehr labil. Der Prozess gestaltet sich dadurch außerordentlich mühsam.
>
> Ich erlebe den Geschäftsführer bewundernswert geduldig und beständig sachlich. Ich frage ihn, ob ihn die Mitarbeiterin nicht nervt. Er meint: »Ich könnte ihr den Kopf abbeißen. Aber das hilft mir nicht. Ich muss ja eine Lösung mit ihr finden.«

Bewundernswert, nicht wahr?

Wie genau kühlen Sie einen aufgebrachten Mitarbeiter herunter?

Wenn man ein Problem überwinden möchte, muss man es zunächst einmal genau erkannt haben. Sobald Sie ein Warnsignal wahrnehmen, können Sie loslegen. Lassen Sie sich nicht von den Emotionen ablenken. Blicken Sie hinter die Wut, den Ärger und den Frust.

Fragen, fragen, fragen

Stellen Sie Fragen, um die Hintergründe der emotionalen Turbulenzen herauszuarbeiten:

- »Worum geht es dir genau?«
- »Was ist das Problem?«
- »Was brauchst du?«
- »Was würdest du dir wünschen?«
- »Was erwartest du jetzt von mir?«

Zuhören, zuhören, zuhören

Die meisten Führungskräfte sind extrem schnell im Denken und lösungsorientiert. Sie sind es gewohnt, sich nicht auf das Problem, sondern auf seine Lösung zu fokussieren. Diese wertvolle Fähigkeit zeichnet sie aus und hat sie dahin gebracht, wo sie jetzt sind, nämlich in die Führungsmannschaft.

Was in sachlichen Fragestellungen ausgesprochen erfolgsversprechend ist, ist in gefühlsmäßigen Verstrickungen jedoch kontraproduktiv. Unser Ziel ist es, zu entemotionalisieren. Sobald sich die Emotionen beruhigen, wird aus einem Konflikt wieder ein Problem. Erst dann sind unsere Gesprächspartner in der Lage, das Problem mit ihrem gesunden Menschenverstand zu lösen. Als angemessene Intervention sollten Sie sich nun mit voreiligen Lösungsideen unbedingt zurückhalten.

Wertschätzung und Verständnis zeigen
Nehmen Sie sich stattdessen Zeit, und geben Sie dem Mitarbeiter den Raum, sein Problem darzulegen, ohne ihm gleich eine Lösung anzubieten. Liegt Ihnen bereits eine auf der Zunge, so schlucken Sie diese bitte herunter, und hören Sie weiter aufmerksam zu. Stellen Sie lediglich Verständnisfragen, nehmen Sie sein Erleben ernst und versetzen Sie sich in seine Lage. Drücken Sie Verständnis für seine Problematik aus. Sie zeigen damit Ihre Wertschätzung.

Die Gedanken lenken
Sie erinnern sich: Eine Situation ist, wie sie ist. Sie ist gegeben. Die Interpretation dieser Situation ist der Schlüssel zur Veränderung. In diesem Sinne geben wir dem Mitarbeiter Denkanstöße und bieten ihm neue Sichtweisen an.

Benennen Sie die Konfliktursachen, die Sie erkennen. Erklären Sie, was Ihnen auffällt. Handelt es sich um eine unbeabsichtigte Wirkung? Welche Konfliktart liegt vor? Treffen unterschiedliche Persönlichkeitsmerkmale, Temperamente oder Werte aufeinander? Teilen Sie Ihr Wissen über diese Hintergründe, und bieten Sie neue Denkweisen an.

Laden Sie den Mitarbeiter ein, gemeinsam mit Ihnen die Sichtweise des Konfliktpartners zu erahnen. Schlüpfen Sie gemeinsam gedanklich unter seine Glocke: Wie erlebt er die Situation? Worum geht es ihm?

Normalisieren
Nehmen Sie die Dramatik aus der Situation heraus, indem Sie aufzeigen, dass es normal ist, dass diese Situation zu Schwierigkeiten führt. Leiten Sie den Mitarbeiter an, zu erkennen, dass keine böse Absicht dahinter steckt, sondern es sich lediglich um ein schlüssiges Vorgehen beider Parteien handelt. Bestätigen Sie noch einmal, dass das natürlich mühsam für ihn ist. Gestehen Sie gemeinsam dem anderen seinen Standpunkt und sein Vorgehen zu.

Eine Lösung finden
Stellen Sie anschließend folgende Fragen:
- »Wie kannst du jetzt mit dieser Person in einen Klärungsprozess gehen, ohne zu streiten? Denn Streit ist hier gar nicht angesagt. Was brauchst du dafür?«
- »Welche Unterstützung brauchst du dafür von mir?«

Geben Sie dem Mitarbeiter Tipps, wie er professionell vorgehen kann. In Kapitel 4.2 zeige ich Ihnen, wie Ihr Mitarbeiter seinen Ärger auf kollegialer Ebene klären kann. Mit diesem Wissen können Sie ihm hilfreich sein und ihn gut beraten.

PRAXISCHECK

Wo in Ihrem Verantwortungsbereich sind Mitarbeiter unter ihrer Glocke gefangen? Wer ist zu einem Kollegen unter die Glocke geschlüpft und bestätigt seine Sicht- und Erlebensweise?

Was bringt es mir, wenn ich das weiß?

Ich weiß nun, dass der gut gemeinte Versuch, Emotionen mit sachlichen Darstellungen zu beruhigen, zum Scheitern verurteilt ist. Ich kenne den Weg zur Beruhigung aufgewühlter Gefühle und bin in der Lage, meinem Mitarbeiter professionell zur Seite zu stehen. Ich habe ein Ziel (Beruhigung der aufgewühlten Gefühle), einen Plan (die vier Schritte) und eine klare Vorgehensweise (wie eben beschrieben). Damit erreiche ich eine völlig neue Qualität in der Klärungsarbeit und werde zum wertvollen Gesprächspartner für mein Team.

4 Professionelle Gesprächsführung im Konfliktumfeld

4.1 Führen ist Gespräch

Langsam bewegen wir uns in Richtung Zielgerade. Wir sind inzwischen firm darin, eine Störung der Zusammenarbeit in unserem Verantwortungsbereich zu identifizieren. Wir wissen, dass Wegschauen keine Option ist, und wenden uns dem Thema zu. Von den emotionalen Turbulenzen lassen wir uns nicht ins Bockshorn jagen. Denn uns ist klar, dass wir hinter die Dinge blicken müssen, um die Ursachen der Reibereien zu erfahren. Im Hinterkopf haben wir ein breites Repertoire an möglichen Ursachen, die wir abprüfen und einordnen können. Weiteres Beobachten, Analysieren oder gar Vorverurteilen wäre zu diesem Zeitpunkt wenig sinnvoll. Es ist eindeutig an der Zeit, das Gespräch mit dem Mitarbeiter zu suchen. Uns ist bewusst, dass wir unter dem Tisch agieren – auf der anfälligen Gefühls- und Beziehungsebene – und Respekt, Wertschätzung und Kommunikation auf Augenhöhe transportieren wollen. Das wird besonders dann herausfordernd, wenn wir selbst bereits in Rage sind, weil wir uns über die Vorkommnisse ärgern. Dann ist unsere erste Aufgabe, uns selbst an die Kandare zu nehmen und uns zu disziplinieren. Wir zeigen, dass wir unserer Rolle auch unter schwierigen Bedingungen persönlich gewachsen sind. In jedem Fall legen wir gute Manieren und Anstand an den Tag. Wir sprechen in einem vernünftigen Geschäftston und lassen unpassende Ecken und Kanten unserer Persönlichkeit zu Hause.

Im Folgenden erfahren Sie konkret, wie es Ihnen denn nun gelingt,

- den richtigen Ton zu treffen,
- stabil in der Klärung zu bleiben und
- einen guten Stil an den Tag zu legen.

Der richtige Ton: Das Erwachsenen-Ich

Der amerikanische Psychiater Eric Berne hat 1964 die Theorie der Transaktionsanalyse entwickelt. Ich nutze aus dieser Theorie das Modell der Ich-Zustände, weil es uns so schön plakativ vor Augen führt, wie wir im Job erfolgreich kommunizieren können und selbst dann noch Wertschätzung und guten Stil zeigen, wenn wir andere kritisieren. Lassen Sie uns das Modell deshalb etwas genauer ansehen:

Eric Berne beschreibt, dass jeder von uns zu jeder Zeit drei Ich-Zustände in sich trägt: das Eltern-Ich, das Erwachsenen-Ich und das Kind-Ich. Aus welchem Ich-Zustand wir sprechen, erkennen wir am Tonfall, an unserer Ausdrucksweise und an der inneren Haltung, aus der heraus wir kommunizieren.

Das Eltern-Ich spricht aus der Haltung heraus: *Ich bin groß und du bist klein.* Bei Eltern ist das angemessen, denn sie sind tatsächlich groß und ihre Kinder (zunächst zumindest noch) klein. Die Elternrolle enthält eine korrigierende und eine bestärkende Komponente. Korrigierend dann, wenn ermahnt, geschimpft, moralisiert und bevormundet wird. Bestärkend dann, wenn ermutigt, getröstet, appelliert und angespornt wird. In beiden Fällen hören wir am Ton, dass sozusagen von oben herab gesprochen wird. Ganz gleich, ob es bestärkend heißt »Trau dich!«, Du schaffst das!«, »Kopf hoch!« oder korrigierend »Hör auf!«, »Mach endlich!«, »Lass das!«

Das Kind-Ich kommuniziert aus der Haltung: *Ich bin klein und du bist groß.* Es spricht aus einer unterlegenen Position. Dabei hat es drei Facetten: Es kann trotzig und rebellisch reagieren – je nach Alter gern auch in Kombination mit Auf-den-Boden-Werfen oder wütendem Aufstampfen. Das Kind kann aber auch angepasst kommunizieren, brav und einsichtig reagieren und folgsam tun, was von ihm erwartet wird. In seiner dritten Facette reagiert das Kind-Ich unbekümmert, verspielt und emotional. Was die Eltern sagen, geht oft zum einen Ohr rein und zum anderen wieder raus, das heißt, es wird gar nicht richtig wahrgenommen oder direkt wieder vergessen.

Im Erwachsenen-Ich kommunizieren wir mit unserem Gegenüber auf Augenhöhe. Die Haltung ist gleichberechtigt und partnerschaftlich im Sinne von: *Ich bin groß und du bist groß.* Die Kommunikation ist geprägt von Akzeptanz, Respekt und Toleranz. Aus dem Erwachsenen-Ich reagieren wir vernünftig, sachlich, informativ, kooperativ. Wir stellen Fragen, beziehen Position, erörtern und analysieren: »Was brauchen wir, um ...?«, »Ich sehe das anders und schlage vor ...«.

Sie ahnen es bereits: Die Kommunikation aus dem Erwachsenen-Ich bietet die beste Grundlage für eine erfolgreiche Zusammenarbeit im Beruf. Nein, stimmt nicht ganz. Nicht die beste, sondern die einzige! Warum ist das so?

Wir waren alle einmal Kinder und kennen die Kommunikation zwischen Eltern-Ich und Kind-Ich nur allzu gut. Es ist sozusagen unsere Muttersprache. Wir sind damit aufgewachsen. Wir beherrschen sie perfekt. Lange Jahre mussten wir die Erziehung von Eltern, Großeltern und Lehrern mehr oder weniger über uns ergehen lassen. Spätestens in der Pubertät haben wir uns dafür eingesetzt, mit den Erwachsenen auf Augenhöhe zu kommen, ernst genommen zu werden und eigenständig zu sein. Wenn wir heute als Erwachsene aus einer über- oder untergeordneten Grundhaltung angesprochen werden, reagieren die meisten von uns allergisch. Zu Recht, meine ich. Denn: Egal ob kritisch oder fürsorglich – beides passt nicht.

Vielleicht werden Sie jetzt sagen: Moment mal: *Manche Mitarbeiter verhalten sich im Streit aber wie kleine Kinder!*

Da gebe ich Ihnen recht. Trotzdem kommen wir im Job nicht weiter und machen uns und anderen das Leben schwer, wenn wir nicht beständig aus dem Erwachsenen-Ich sprechen. Und eines ist unumstritten: Wir haben es mit Erwachsenen zu tun. Insofern verlangt allein schon der Respekt, dass wir grundsätzlich aus der Haltung heraus sprechen: *Ich bin groß und du bist groß.* Sobald wir das nicht tun, fühlt sich unser Gegenüber unwohl.

Alles klar, ab sofort gilt im Job immer und überall: Ich bin groß und du bist groß. Aber wie geht das konkret?

Eben. Wie geht das konkret? Die Frage ist absolut berechtigt, denn leider haben die wenigsten von uns die Sprache aus dem Erwachsenen-Ich jemals gelernt. Wenn die Sprache aus dem Eltern- und aus dem Kind-Ich sozusagen unsere Muttersprache ist, dann ist die aus dem Erwachsenen-Ich für die meisten von uns eine Fremdsprache. Wir beherrschen sie nicht, aber wir benötigen sie für einen professionellen Austausch im Job. Ergo: Wir müssen sie lernen. Nur wie und wo? Denn wenn Sie sich an anderen Führungskräften orientieren, werden Sie in den meisten Fällen feststellen, dass auch sie aus dem Eltern-Ich heraus sprechen. Vorbilder, die stabil aus dem Erwachsenen-Ich kommunizieren, sind eher die Ausnahme.

Die meisten meiner Kunden sind an dieser Stelle ganz begierig auf Beispielsätze und schreiben diese fleißig auf. »Man merkt sofort, dass diese Sätze eine starke Wirkung haben. Sie klingen angenehm, und alles erscheint plötzlich so einfach«, kommentieren sie.

Versprochen: Auch Sie erhalten in den folgenden Kapiteln einen Pool an Redewendungen, die Sie einsetzen können. Anhand von Beispielen und mithilfe der vorgestellten Techniken trainieren Sie diese spezielle Fremdsprache quasi ganz nebenbei. Bis Sie diese allerdings fließend beherrschen und mit der Zeit immer spontaner und selbstverständlicher nutzen, ist es hilfreich, sich auf Herausforderungen wie etwa ein Kritikgespräch gezielt vorzubereiten.

Um sich den Einstieg zu erleichtern, können Sie einen einfachen Trick anwenden: Stellen Sie sich vor, Ihr Mitarbeiter ist ein wichtiger Kunde. Das wirkt Wunder, denn interessanterweise behandeln die meisten von uns Kunden mit Respekt und auf Augenhöhe.

Und jetzt zum Abschluss noch eine gute und eine schlechte Nachricht. Die schlechte zuerst: Wie man in den Wald hinein ruft, so schallt es heraus. Achten Sie mal darauf: Die meisten Erwachsenen reagieren auf eine Ansprache aus dem Eltern-Ich mit einer Haltung aus dem Kind-Ich. Das ist wie ein Reflex. Wir steuern das nicht bewusst.

Und nun die gute Nachricht: Wie man in den Wald hinein ruft, so schallt es heraus. Das gilt netterweise auch umgekehrt, denn wenn Sie stabil aus dem Erwachsenen-Ich kommunizieren und sich nicht auf das Niveau Ihres Gesprächspartners begeben, ziehen Sie andere automatisch in Ihre Position: *Ich bin groß und du bist groß.*

Stabil in der Klärung: Verstehen statt lösen

Lassen Sie uns jetzt einen typischen Fallstrick identifizieren, mit dem Sie alles wieder zunichte machen würden und über den so manche Führungskraft schon gestolpert ist. Und zwar den der schnellen Lösungsideen. Denn wenn Sie mit denen voreilig um die Ecke kommen, ist das Stolpern vorprogrammiert, und Sie machen erfahrungsgemäß mehr kaputt, als Sie heilen.

Klar: Führungskräfte sind eher Macher als Bedenkenträger, und das ist auch gut so. Trotzdem gibt es – wie Sie wissen – Situationen, in denen maximale Obacht gefragt ist. Ein klärendes Gespräch mit Ihren Mitarbeitern ist eine davon. Sollten Sie hier der Versuchung nach schnellen Lösungen nachgeben, laufen Sie Gefahr, in operative Hektik zu verfallen und an der Sache vorbei zu agieren. Im Endeffekt riskieren Sie damit Frustration bei allen Beteiligten: bei den Mitarbeitern, weil aus deren Sicht das Problem noch immer nicht geklärt ist, und bei sich selbst, weil Sie trotz Ihres Einsatzes noch immer keine gute Lösung haben. Oft kommen Führungskräfte dann gar nicht auf die Idee, dass sie das Problem zu oberflächlich aufgenommen haben, um es nachhaltig lösen zu können, und fühlen sich durch die anhaltende Störung nicht ernst genommen. Nach dem Motto: »Es ist zum Verzweifeln. Ich habe bereits so viel Zeit investiert, aber es ändert sich nichts.«

Wenn es so weit kommt, haben wir Frust und Emotionen auf beiden Seiten. Und die wirken – wie wir wissen – ganz gern wie Öl im Feuer des ohnehin schon schwelenden Konflikts.

Nicht so bei Ihnen. Denn statt voreilig zu agieren, werden Sie sich bewusst zurücknehmen, weil Ihnen klar ist: Je besser Sie zuhören, desto genauer erfahren Sie, wie es unter der Glocke Ihrer Mitarbeiter aussieht, und desto besser verstehen Sie, um was es wirklich geht. Genau dadurch zeigen sich Ihnen die richtigen Ansatzpunkte für eine Lösung. Gehen Sie das Thema also mit chirurgischer Präzision an. Denn: Je genauer der Chirurg vor einer Operation eingrenzen kann, wo exakt ein zu entfernender Fremdkörper liegt und welche Beschaffenheit er hat, desto zielführender wird sein Eingriff sein. Im besten Fall sogar minimalinvasiv.

Auch für Sie gilt: Ihre präzise Diagnose liefert Ihnen die Grundlage für die bestmögliche Intervention. Aber der Reihe nach: Bevor wir uns mit Interventionsmaßnahmen befassen, erschließen wir uns zunächst ein paar nützliche Tools für die Diagnosephase.

Der gute Stil: Annehmendes Zuhören

Für die Gespräche mit Ihren Mitarbeitern empfehle ich Ihnen die Technik des sogenannten annehmenden Zuhörens. Dabei hören Sie dem anderen bewusst zu und stellen Ihren eigenen Standpunkt mit allen Erklärungen, Bewertungen und Meinungen zunächst zurück. Denn Ihr Ziel ist es jetzt, den Standpunkt des anderen zu verstehen. Und zwar sowohl auf der Sachebene als auch auf der Gefühls- und der Beziehungsebene.

Lassen Sie uns daher ansehen, wie Sie in der Praxis ganz konkret annehmendes Zuhören auf allen Kommunikationsebenen praktizieren und so die Voraussetzungen für nachhaltige Klärung und erfolgreiche Zusammenarbeit schaffen.

Eine Technik, die Ihnen beim annehmenden Zuhören hervorragende Dienste leisten kann, ist das Paraphrasieren. Das bedeutet, Sie hören zu, stellen Verständnisfragen, und wenn Sie etwas verstanden haben, geben Sie das zu erkennen, indem Sie die Essenz des Gehörten wiedergeben. In etwa so: »Was ich bis hierhin verstanden habe, ist Folgendes: ... Ist das so gemeint?«

Wie Sie sehen, machen Sie mithilfe des Paraphrasierens transparent, was bei Ihnen angekommen ist und stellen es fragend dar. Auf diese Weise klären Sie ab, ob Sie die Aussagen richtig verstanden haben. Dem Mitarbeiter geben Sie dadurch Einblick, was bei Ihnen angekommen ist, und er hat die Möglichkeit, zu ergänzen, zu präzisieren und zu korrigieren.

Damit klären Sie vorrangig die Sachebene. Um die Gefühls- und die Beziehungsebene einzubeziehen und die Gedanken, Gefühle, Absichten, Werte und Wünsche Ihrer Mitarbeiter zu verstehen, hilft Ihnen die Technik des Verbalisierens. Hier geht es nicht mehr nur um gutes Zuhören und Wiedergeben des Verstandenen, sondern auch darum, sich in die Lage des anderen zu versetzen. Zusätzlich zu Ihrer rationalen Intelligenz ist nun also auch Ihre emotionale Intelligenz gefordert.

Machen Sie sich klar, dass jede Sachlage in jedem von uns Gedanken und Gefühle auslöst. Fragen Sie sich, welche das bei Ihren Mitarbeitern sind:

- Welche Gedanken würde ich mir in seiner Situation machen? Was könnte er denken?
- Welche Gefühle würde ich in seiner Situation haben? Welche könnte er haben?

Indem Sie verbalisieren, zeigen Sie, dass Sie sich in den Mitarbeiter hineinversetzen und die Gedanken und Gefühle benennen, die er Ihrer Vorstellung nach haben könnte. Auch das tun Sie in der Frageform, um abzuklären, ob es so ist, wie Sie vermuten: »Ich könnte mir vorstellen, dass man sich in einer solchen Situation fragt, wozu man überhaupt ... Ist das so?«

Wenn Sie neben den Gedanken und Gefühlen auch die guten Absichten hinter den Aussagen Ihres Mitarbeiters verstehen wollen, hilft es wieder, sich in seine Lage zu versetzen. Fragen Sie sich, was Ihren Mitarbeiter dazu antreibt, sich so einzusetzen. Wozu macht er sich die Mühe? Was ist ihm wichtig?

Auch in Bezug auf die Werte und Wünsche Ihrer Mitarbeiter können Sie das Verbalisieren nutzen, um deren Beweggründe besser nachzuvollziehen.

Möglicherweise regt sich bei Ihnen langsam Widerstand. Sie fragen sich, warum Sie sich mühsam in die Lage des Mitarbeiters hineinversetzen sollen, um dann doch zu erfahren, dass Sie mit Ihrer Einschätzung danebenliegen. Was spricht dagegen, ihn einfach direkt zu fragen: »Was denkst du darüber? Wie fühlst du dich dabei? Was hättest du dir gewünscht?«

Das hat tatsächlich einen tieferen Sinn. Wir haben alle nicht gelernt, unser Innenleben zu erforschen und offen darüber zu sprechen. Stattdessen sind wir Meister darin, das Verhalten eines anderen zu beschreiben, zu beklagen und zu interpretieren. Unsere Wahrnehmung ist nach außen und weniger nach innen gerichtet. Werden wir direkt danach gefragt, was wir denken, fühlen, brauchen oder wünschen, tritt uns der andere damit schnell zu nahe. Wir fühlen uns ausgefragt, haben keine Antwort parat, uns wird unwohl. Bekommen wir hingegen Antwortmöglichkeiten in Form einer Frage – »Ist es so?« – angeboten, müssen wir diese nur noch korrigieren. Das ist deutlich einfacher. Statt uns ausgefragt zu fühlen, erleben wir, dass sich unser Gesprächspartner darum bemüht, uns richtig zu verstehen. Das ist ein Ausdruck großer Wertschätzung. Und Sie wissen ja: Wie wir in den Wald hineinrufen …

Noch einmal zusammengefasst: Indem Sie der Versuchung widerstehen, für die vorhandenen Konflikte schnelle Lösungen aus dem Ärmel zu schütteln, und stattdessen bei der Problemdiagnose mit chirurgischer Präzision vorgehen, lernen Sie, besser zu verstehen, und schaffen die Grundlage für eine spätere Intervention – für angemessenes Handeln, das wir uns in Teil B erarbeiten werden. Je präziser Sie diagnostizieren, desto schmerzfreier und nachhaltiger wird ihre spätere Intervention ausfallen, mit der Sie die Konflikte aus der Welt schaffen.

PRAXISCHECK

Versuchen Sie gleich einmal, das Ganze in die Praxis umzusetzen. Die beschriebenen Techniken können Sie in nahezu jedem Gespräch einsetzen. Dazu muss keine Störung vorliegen. Beobachten Sie aufmerksam, wie Ihr Gegenüber reagiert.

Was bringt es mir, wenn ich das weiß?

Die Techniken des annehmenden Zuhörens, des Paraphrasierens und Verbalisierens sowie der Kommunikation auf Augenhöhe dienen mir sozusagen als Operationsbesteck. Mit diesem kann ich präzise, minimalinvasiv und nachhaltig Klärungsgespräche führen. Indem ich die Techniken anwende, gelingt es mir, meine Mitarbeiter besser zu verstehen und so den Weg für angemessenes Handeln und nachhaltige Lösungen zu ebnen.

4.2 Verstanden heißt nicht einverstanden

Ist Ihnen beim Lesen des letzten Kapitels aufgefallen, worin die größte Herausforderung besteht? Über die grundsätzliche Lösungsorientierung von Führungskräften haben wir gesprochen, die meine ich nicht. Ich denke an die erforderliche Disziplin, nicht immer wieder zu den eigenen Gedanken zurückzukehren, sondern ganz bei den Gedanken, Gefühlen und Bedürfnissen des Gesprächspartners zu bleiben. Wir wollen unter seiner Glocke bleiben, zuhören, fragen und uns einfühlen, bis wir seine Sicht- und Erlebensweise verstehen. Dabei ist wichtig, dass wir uns klarmachen: *Verstanden heißt nicht einverstanden.* Es geht nicht darum, dass wir der Sicht des anderen zustimmen, sondern lediglich darum, dass wir sie zunächst einmal ganz wertfrei verstehen.

Zum besseren Verständnis erläutere ich das noch einmal anhand eines Beispiels:

Praxisbeispiel

In einer Mitarbeiterbefragung hat ein Team dem Gruppenleiter schlechte Noten gegeben. Eine erste offene Aussprache zwischen Team und Führungskraft wurde von allen Beteiligten ausgesprochen positiv bewertet. Es werden zwei weitere Termine für die Aussprache geplant. Am nächsten Morgen erreicht den Gruppenleiter die Mail einer Mitarbeiterin. Sie bittet darin, von der Teilnahme an den weiteren Aussprachen freigestellt zu werden. Sie begründet ihren Wunsch damit, dass sie das Thema extrem stark belaste und sie sich aus gesundheitlichen Gründen gern aus dem Klärungsprozess zurückziehen würde. Weiter schreibt sie, dass sie in der gestrigen Aussprache ihren Frieden mit dem Thema gemacht habe, und da sie in absehbarer Zeit das Team wechseln würde, sehe sie keinen Bedarf für eine weitere Klärung.

Der Gruppenleiter ruft mich frustriert an und erzählt, dass es schlechte Nachrichten gebe. Unser Termin sei wohl doch nicht so gut gelaufen, vermutet er. Eine Mitarbeiterin sei nicht mehr bereit, weiter an einer Lösung mitzuwirken. Der Gruppenleiter erzählt, dass er sich mit seinem Abteilungsleiter darüber einig sei, dass sie das nicht akzeptieren würden. Es gehe nicht an, so ihre Argumentation, den Gruppenleiter derart heftig zu kritisieren, dann aber nicht bereit zu sein, an einer Lösung mitzuwirken. Die beiden würden überlegen, die Teilnahme verpflichtend zu machen.

Um es gleich vorwegzunehmen: Mit dieser Einschätzung werden die Führungskräfte dem Anliegen der Mitarbeiterin nicht gerecht.

Warum fällt es uns so schwer, einen anderen richtig zu verstehen? Es sind vier typische Fettnäpfchen, in die wir bevorzugt treten und die einer Verständigung im Weg stehen.

Fettnäpfchen Nr. 1: Wir bleiben mit unserer Aufmerksamkeit nicht beim anderen
Sobald wir eine Information von einem anderen empfangen haben, gehen wir damit in unsere eigene Welt zu unseren eigenen Gedanken und Gefühlen zurück. Wir interpretieren das Gehörte nach Gutdünken und bilden uns eine Meinung darüber:

»Die Mitarbeiterin ist nicht wirklich an einer Lösung interessiert. Sie stellt mich an den Pranger, lästert hinter meinem Rücken, entzieht sich dann aber einer offenen Auseinandersetzung. Das Ganze ist eine Farce. So habe ich keine Chance.«

Fettnäpfchen Nr. 2: Wir beziehen alles auf uns
Wir sind der Dreh- und Angelpunkt unseres eigenen Kosmos. Jede Information prüfen wir darauf, was sie uns bzw. über uns sagen soll. Fühlen wir uns angegriffen, wollen wir uns verteidigen. Fühlen wir uns getäuscht, wollen wir die Wahrheit aufdecken. Fühlen wir uns missverstanden, wollen wir die Dinge richtigstellen:

»Die Mitarbeiterin lässt mich auflaufen. Sie verwehrt mir die Chance, den Konflikt zu lösen.«

Fettnäpfchen Nr. 3: Wir nehmen den anderen nicht ernst
Häufig empfindet ein anderer die Ereignisse in einer Weise, wie wir sie uns nicht vorstellen können. Deswegen würden wir niemals von selbst darauf kommen. Kaum deutet der andere solche Aspekte an, entsteht bei uns das Gefühl, dass es sich nicht um die Wahrheit handelt, sondern dass uns etwas vorgetäuscht wird. Wir wollen dem Ablenkungsmanöver nicht auf den Leim gehen und bilden uns eine eigene Meinung:

»Sie schiebt unglaubwürdige Argumente vor, derweil hat sie einfach keine Lust auf diese Aussprachen und boykottiert den Lösungsprozess. Das ist doch total durchsichtig.«

Fettnäpfchen Nr. 4. Wir ziehen die falschen Schlüsse
Klar, dass wir infolgedessen nicht wirklich angemessen reagieren können. Unsere Reaktion geht am Problem vorbei. Häufig gießen wir dabei ungewollt Öl ins Feuer:

»Das lasse ich mir nicht gefallen. Ich werde sie zur Teilnahme verpflichten.«

Okay, verstanden, werden Sie sagen. Doch die Frage bleibt, wie es besser geht.

Holen wir uns noch einmal das Glockenmodell zu Hilfe. Im Streit ist jede Partei in ihrer Glocke – also in ihrer Sicht- und Erlebensweise – gefangen. Wenn wir statt eines Schlagabtauschs eine Verständigung herbeiführen wollen, müssen wir unter die Glocke des anderen schlüpfen und uns darunter interessiert umschauen. Wir gestehen jedem das Recht auf seinen eigenen Standpunkt zu und versuchen, uns seine in sich schlüssige Sicht- und Erlebensweise zu erschließen. Wir meiden die typischen Fettnäpfchen, indem wir uns an Haltegriffen entlanghangeln.

Haltegriff Nr. 1: Wir bleiben mit unserer Aufmerksamkeit beim anderen
Wir folgen nicht unseren eigenen Gedanken, sondern den Gedanken, Gefühlen und Problemen des anderen. Wir sind offen dafür, eine vollkommen andere Sicht auf die Lage zu gewinnen:

»Ich muss mit ihr darüber sprechen. Es interessiert mich, was sie bewegt und was sich hinter ihrem Wunsch verbirgt.«

Haltegriff Nr. 2: Statt ein Urteil zu fällen, wollen wir verstehen

Wir treten an, um zuzuhören und zu fragen. Statt das Gehörte zu interpretieren, zu bewerten und eigene Annahmen zu treffen, fühlen wir uns in die Sicht des anderen ein und nehmen seine Aussagen ernst. Wir lassen uns nicht ablenken: Der andere spricht nicht über mich, sondern erzählt etwas von sich. Zunächst wollen wir seine Aussagen wertfrei annehmen und sicherstellen, dass wir ihn richtig verstanden haben, bevor wir später darauf reagieren:

»Warum empfindet sie das Ganze als so furchtbar belastend? Wie geht es ihr wirklich damit? Wie kann das sein?«

Haltegriff Nr. 3: Wir nehmen den anderen zu hundert Prozent ernst

Die Technik ist so simpel, dass man kaum glauben kann, wie gut sie funktioniert. Wir nehmen die Menschen einfach zu hundert Prozent ernst. Es könnte tatsächlich so einfach sein: Sie erzählen uns Wort für Wort alles ganz genau, was wir wissen müssen. Wir brauchen bzw. dürfen dem nichts hinzufügen. Im Gegenteil: Wir müssen unsere eigenen Vorstellungen außen vor lassen. Wenn noch etwas fehlt, fragen wir einfach nach. Nur das. Sonst nichts. Wenn wir etwas noch nicht verstanden haben, sagen wir einfach nur, wie es ist. »Ich habe noch nicht ganz verstanden, worum es dir genau geht. Hilf mir bitte nochmal ...« Anschließend schauen wir interessiert, schweigen, warten ab, hören zu, nehmen alles ernst. Auch hier gilt wieder: Besser staunen, statt bewerten. Nach dem Motto: »Interessant, was es so alles gibt auf dieser Welt. Man lernt wirklich nie aus.« Klar stellen wir uns später die Frage, wie wir nun mit den erhaltenen Informationen umgehen wollen. Aber eins nach dem anderen:

»Die Situation scheint sie tatsächlich unglaublich zu belasten. Sie hat schlaflose Nächte, sie weint, sie spricht davon, dass sie sich mitschuldig fühlt, und scheinbar macht es sie krank. Sie spricht von gesundheitlichen Einschränkungen, unter denen sie leidet.«

Haltegriff Nr. 4: Wir suchen die gute Absicht

Wir haben über den Unterschied zwischen Absicht und Wirkung gesprochen. Nutzen wir dieses Wissen nun. Wir blenden die Wirkung aus und suchen gezielt nach der guten Absicht der Mitarbeiterin. Warum handelt sie so? Was ist ihr Bedürfnis? Was möchte sie erreichen?

»Mir scheint, dass sie sich zum Wohle ihrer Gesundheit vor weiterer Belastung schützen will. Das verstehe ich. Da sorgt sie gut für sich, und das ist gut so. Darin möchte ich sie bestärken und unterstützen. Und scheinbar hat sich das Thema für sie bereits entspannt. Sie sagt, sie hat ihren Frieden damit gemacht. Das ist wunderbar.«

Es geht also darum, die richtigen Schlüsse zu ziehen.

Mit dieser neuen Sicht auf die Dinge fühlt sich die Führungskraft nicht mehr angegriffen. Sie muss den Erfolg der Aussprache vom Vortag nicht mehr infrage stellen. In Gegenteil: Sie realisiert, dass einiges in Bewegung gekommen ist. Sie erkennt die Not der Mitarbeiterin und freut sich darüber, dass diese offen und vertrauensvoll mit ihr darüber spricht.

»Grundsätzlich hat sie recht: Sie ist nur noch ein paar Monate im Team, und deswegen hat eine Lösung für sie nicht mehr diese große Bedeutung. Und scheinbar hat sie bereits ihren Frieden mit dem Thema gemacht. Das ist gut. Es ist auch gut, dass sie sich um ihr Wohlergehen kümmert. Das ist ganz in meinem Interesse. Ich will ihr aber auch sagen, dass ich ihren Beitrag sehr schätze und mich freuen würde, wenn sie weiter dabei wäre. Ich werde ihr das alles sagen und ihr freistellen, ob sie weiter mitmacht oder nicht. Mal sehen, wie sie sich entscheidet.«

Verstanden, und nun?

Wenn wir bis hierhin gekommen sind, haben wir einen guten Job gemacht. Wir haben annehmend zugehört, Verständnisfragen gestellt, viele Informationen gesammelt und die Sicht- und Erlebensweise des anderen verstanden. Im Sinne von: *Verstanden heißt nicht einverstanden.*

Abb. 9: Die erste Glocke hat sich geöffnet

Zeigen, was angekommen ist

Nun ist die Frage, wie wir auf das Gehörte reagieren. Im Folgenden erhalten Sie ein konkretes, praxiserprobtes Schema, nach dem Sie vorgehen können.

- **Ich verstehe ...**
  Fragen Sie sich, wo Sie zustimmen können. Was sehen Sie genauso, befinden Sie für richtig und können Sie nachvollziehen? Indem Sie ehrliche Zustimmung ausdrücken, verbinden Sie sich an dieser Stelle mit dem Mitarbeiter.
  Dies gelingt entweder durch zustimmende Zwischenrufe: »Ah ja, das verstehe ich gut, das sehe ich genauso.« Oder wenn Sie das Wort ergreifen, setzen Sie es an den Anfang Ihres Satzes: »Was ich gut verstehe ...«, »Was ich genauso sehe ...«.
- **Ich erkenne ...**
  Wenn Sie Empfindungen und Aussagen Ihres Gesprächspartners nicht wirklich nachvollziehen können oder anders bewerten würden, dann argumentieren Sie nicht dagegen oder korrigieren sie seine Aussagen nicht. Lassen Sie ihm seine Bewertungen und Empfindungen, und zeigen Sie lediglich, dass Sie aufmerksam zugehört haben, indem Sie zurückspiegeln, was bei Ihnen angekommen ist:
  »Wenn ich dich richtig verstehe, geht es dir um.../fällt es dir schwer.../möchtest du nicht.../ wünschst du dir ...«.
  Sie bleiben mit Ihrer Aufmerksamkeit weiterhin ganz beim anderen.

So läuft es dagegen schief:

Normalerweise gelingt es uns nicht, einfach nur zuzuhören und lediglich zu benennen, was wir aufgenommen haben, ohne es auch zu bewerten, zu interpretieren, zu korrigieren. Vielmehr wollen wir den anderen in unsere Richtung lenken. Wir machen das, indem wir:

- **beschwichtigen:** »Das ist doch nicht so schwer.«, »Das schaffst du schon.«, »Da brauchst du doch keine Angst zu haben.« »Deswegen musst du doch nicht gleich ...«
- **korrigieren:** »Das stimmt so nicht, es ist doch folgendermaßen ...«
- **kritisieren:** »Ich finde es nicht in Ordnung, wenn du ...«, »Es geht einfach nicht, dass du ...«
- **moralisieren:** »So kannst du das nicht sehen/machen.«
- **appellieren:** »Mach es jetzt einfach so ...«, »Wir müssen jetzt alle ...«, Das ist jetzt halt so ...«
- **entschuldigen:** »Dafür kann ich auch nichts, das ist nun mal so.«
- **erklären:** »Wir brauchen das, weil ...«

Das Problem: Wir gehen mit unserer Aufmerksamkeit wieder vom anderen weg, konzentrieren uns auf unseren eigenen Standpunkt und versuchen, diesen überzeugend zu vertreten. Damit verlieren wir den Kontakt zum Mitarbeiter. Unsere Aufgabe ist aber, ihn dort abzuholen, wo er steht. Und dann führen wir ihn langsam in die gewünschte Richtung. Im Augenblick sind wir noch beim Abholen.

- **Ich sehe deine gute Absicht ...**
  Suchen Sie nach der guten Absicht, die sich hinter dem Denken, Handeln und Empfinden Ihres Mitarbeiters verbirgt. Fragen Sie sich, worum es ihm im Positiven geht, und benennen Sie dies.
  »Ich sehe, dass dir wichtig ist .../dass du verhindern möchtest .../dass du befürchtest ...«
- **Was ich noch nicht verstanden habe ...**
  Stellen Sie Verständnisfragen, wo Ihnen noch Informationen fehlen.
  »Bitte hilf mir, das besser zu verstehen: Warum ...«
- **Ich erkenne einen eigenen Anteil am Problem ...**
  Möglicherweise entdecken Sie beim Zuhören, dass Sie selbst einen Anteil am Problem haben. Benennen Sie diesen.
  »Mir wird gerade bewusst, dass ich ...« (z. B. dich da früher einbinden müsste; dir klarer aufzeigen müsste, warum wir...; selbst mit Herrn X ins Gespräch gehen müsste ...)
- **Das sehe ich anders ...**
  Nun ist der Zeitpunkt gekommen, eine eigene Position zu beziehen. Stellen Sie Ihre Perspektive dar, und erläutern Sie Ihre Meinung.
- **Stopp, so kommen wir nicht weiter ...**
  Schießt Ihr Mitarbeiter im Eifer des Gefechts unter die Gürtellinie, oder merken Sie, dass Sie die Contenance verlieren und gleich ausflippen, ist es höchste Zeit, das imaginäre Stoppschild zu zeigen. Gehen Sie nicht auf Angriffe ein, sondern beenden Sie die Diskussion mit dem Vorschlag, eine Nacht darüber zu schlafen und morgen weiterzureden. So geben Sie sich und dem Mitarbeiter Zeit, sich zu sammeln und wieder runterzukommen. Mit dieser emotionalen Distanz kehrt Ruhe ein, und die Basis für eine Lösung entsteht.

Wenn wir umfassend verstanden haben, wie der andere denkt und fühlt, dann spiegeln wir eventuell noch einmal zurück, was uns klar geworden ist, ohne es zu bewerten. Wir können die Essenz noch einmal kurz zusammenfassen: »Ich habe jetzt verstanden ...«

Bei vermeintlichen Widersprüchen (z. B. Er redet so, aber handelt so?) benennen wir unsere Verwunderung und bitten um Erläuterung: »Du sagst jetzt so, auf der anderen Seite hast du gestern so ... Hilf mir, zu verstehen, wie das kommt.«

Ein weiterer Vorteil dieser Vorgehensweise ist, dass die Situation nicht nur uns klar wird, sondern auch dem Mitarbeiter. Er agiert in der Regel aus einem Wust an unsortierten und aufgebrachten Gedanken und Gefühlen heraus und ist sich meist selbst nicht klar darüber, was denn nun eigentlich der springende Punkt ist.

PRAXISCHECK

Probieren Sie die Technik gleich einmal aus.

Was bringt es mir, wenn ich das weiß?

Ich zeige mich ernsthaft interessiert am Mitarbeiter. Er fühlt sich von mir ernst genommen, gesehen, verstanden und erkannt. Damit drücke ich enorm viel Wertschätzung für ihn aus. Das stabilisiert die Gefühls- und die Beziehungsebene. Es ermöglicht mir, unterschiedliche Einschätzungen sachlich und ohne zu verletzen mit ihm zu besprechen.

4.3 Den eigenen Standpunkt vertreten

Bis hierhin war es eine ganz schöne Geduldsprobe: Lange mussten wir unsere eigenen Gedanken zurückstellen, um mit unserer gesamten Aufmerksamkeit die Glocke des anderen zu lüpfen. Endlich ist es soweit: Nun sind wir am Zug. Nun geht es darum, auch unsere Glocke zu heben und unseren Standpunkt zu vertreten.

Abb. 10: Die zweite Glocke öffnet sich

Im Sinne unseres Zwei-Stühle-Modells haben wir den Mitarbeiter bis hierhin gedanklich auf seinen Privatstuhl gesetzt und ihm annehmend zugehört, um seine Sicht und sein Erleben zu verstehen. Auf diesem Stuhl gestehen wir ihm alle Überlegungen und Empfindungen zu. Seine Werte, Bedürfnisse, Wünsche und Vorstellungen auf dem Privatstuhl werden von uns nicht korrigiert. Der Grund: Wie jemand auf seinem Privatstuhl denkt und empfindet, geht uns in der Führungsrolle schlicht und ergreifend nichts an. Es steht uns nicht zu, uns da einzumischen.

Wenn wir nun unseren Standpunkt vertreten, wenden wir uns jedoch nicht an die Privatperson, sondern an die Funktion Mitarbeiter. Ebenso sprechen auch wir nicht als Privatperson zum Mitarbeiter, sondern in unserer Funktion als Führungskraft. Und das ist etwas grundlegend anderes. Selbst bei persönlichen Belangen, für die wir auf unserem Privatstuhl durchaus Verständnis haben, müssen wir manchmal auf dem Jobstuhl Korrekturen vornehmen oder Einhalt gebieten.

Unseren Standpunkt legen wir in sechs Schritten dar:

Schritt 1: Eine Brücke zwischen Privatstuhl und Rollenstuhl bauen
Nachdem wir wie im vergangenen Kapitel Verständnis für die Lage des Mitarbeiters gezeigt haben, beenden wir diese Phase des Verstehen-Wollens nun. Wir setzen den Mitarbeiter nun gedanklich auf seinen Rollenstuhl und sprechen mit ihm über die Anforderungen im Hinblick auf seine Rolle. Mit dem üblichen »Ja, aber« würden wir alles Vorherige einfach vom Tisch wischen und für nichtig erklären. Der positive Effekt unserer bisherigen Gesprächsführung wäre schlagartig zunichte gemacht. Das wollen wir auf keinen Fall.

Wie funktioniert es stattdessen?

Hier kommt der entscheidende Kniff, der die Wende einleitet: Mit einem »Und gleichzeitig« setzen wir das Gespräch entspannt fort. Über die verbale Brücke »und gleichzeitig« sitzt der Mitarbeiter nun auf seinem Rollenstuhl, und wir beschreiben ganz sachlich und klar, was hier die Anforderungen an ihn sind.

Schritt 2: Die Erwartungen an die Rolle formulieren = Soll
Wir zeigen die Rahmenbedingungen auf, beziehen uns auf die Rollenerwartungen, betrachten sowohl unsere Möglichkeiten und Grenzen als auch die des Mitarbeiters. Das klingt dann in etwa so:

»Und gleichzeitig …
- … sind wir gerade dabei …«
- … ist mir wichtig, dass …«
- … habe ich nicht die Möglichkeit …«
- … sind wir alle aufgefordert …«

- ... möchte ich mit dir jetzt diesen Weg gehen ...«
- ... gibt es keine Alternative zu ...«
- ... brauche ich von dir ...«

Schritt 3: Wie kommen wir vom Ist zum Soll?
Wir haben nun ein klares Ziel formuliert, wohin wir mit dem Mitarbeiter wollen bzw. müssen. Dem Mitarbeiter wird deutlich, dass es sich nicht um eine Empfehlung, sondern um eine Vorgabe handelt, die nicht zur Diskussion steht. Die folgende magische Frage beendet die Phase der Auseinandersetzung und fokussiert auf die Umsetzung:

»Was brauchst du, um ...
- ... das umzusetzen/mitzutragen/hinzubekommen?«
- ... damit deinen inneren Frieden zu machen?«
- ... das nachvollziehen zu können?«
- ... dazu Ja sagen zu können?«

Nach dieser Klarstellung können wir wieder weich werden und Unterstützung anbieten:
- »Wer oder was kann dich dabei unterstützen?«
- »Wie kann ich dich dabei unterstützen?«

Wir haben damit klargestellt, dass die Notwendigkeiten auf dem Rollenstuhl nicht zur Diskussion stehen, sondern lediglich, *wie* sie umgesetzt werden können.

Wehrt sich der Mitarbeiter gegen einzelne Punkte, reagieren Sie ruhig und entspannt mit einem nachdenklichen Kommentar wie:
- »Das ist schwierig, weil ...«
- »Damit könntest du deine Rolle nicht richtig ausfüllen.«
- »Da haben wir ein Problem.«

Oder bringen Sie die Fakten auf den Tisch:
- »Das würde bedeuten, dass ich dein Team führe und nicht du.«
- »Dann wärst du nicht mehr in der Lage, mit dem Kollegen professionell zusammenzuarbeiten.«
- »Da sehe ich ein Problem auf uns zukommen, weil ...«

Lehnen Sie sich nun innerlich zurück, schweigen Sie, schauen Sie ernst, fragend oder bekümmert, und nehmen Sie in Ruhe ein paar Atemzüge. Warten Sie geduldig ab, wie der Mitarbeiter reagiert.

Fällt Ihnen gerade der ein oder andere Kandidat ein, bei dem das alles nichts helfen würde? Und fragen Sie sich, wie Sie damit umgehen sollen?

Keine Sorge: Sie sind noch lange nicht am Ende Ihres Lateins. Einerseits kann es sein, dass Sie mit der beschriebenen Vorgehensweise tatsächlich ein anderes Ergebnis in der Auseinandersetzung mit dem Mitarbeiter erzielen und ein Miteinander möglich wird, wie Sie es sich heute gar nicht vorstellen können. Andererseits: In der strategischen Konfliktlösung versuchen wir nicht, Konflikte zu lösen, sondern wir lösen sie.

GUT DING WILL WEILE HABEN

Zugegeben: Eine Konfliktlösung ist nicht einfach und geht vor allem nicht schnell. Man kann nicht den zweiten Schritt vor dem ersten machen. Es muss wohlüberlegt ein Schritt nach dem anderen erfolgen, damit wir fair bleiben und allen die Chance zur Veränderung geben können. Wir wollen nicht mit Kanonen auf Spatzen schießen, aber auch nicht zu lange gute Miene zum bösen Spiel machen. Angemessen reagieren, bei Bedarf in kleinen Schritten zuspitzen und konsequent auf eine tragfähige Lösung zubewegen, das ist der Plan. Dabei gilt: In der Ruhe liegt die Kraft. Die verantwortliche Führungskraft muss zu keiner Zeit in operative Hektik verfallen. Der Konflikt hat sich langsam aufgebaut und kann nun auch nicht weggezaubert werden. Wichtig ist lediglich, dass die Führungskraft nicht zu lange wegschaut, in der Hoffnung, der Kelch möge noch einmal an ihr vorübergehen. Oder das Thema unnötig vertrödelt, indem sie zwar immer wieder einen kleinen Impuls setzt, das Thema dann aber wieder aus den Augen verliert, bis es irgendwann wieder aufpoppt. Besser: Konsequent rangehen und dranbleiben.

Wir werden in Teil B besprechen, was das in der Umsetzung konkret bedeutet.

Schritt 4: Hürden überwinden

Mit dieser Art von professioneller Gesprächsführung bringen wir Klarheit und Sachlichkeit in eine komplexe emotionale Angelegenheit. Unterschiedliche Ansichten werden herausgearbeitet, Möglichkeiten und Grenzen sichtbar gemacht, und am Ende steht eine eindeutige Erwartung an den Mitarbeiter. Er erkennt Aspekte, die er so bisher nicht betrachtet hat und vielleicht auch nicht sehen will. Immer wieder wird sich bei ihm Widerstand regen. Dann besteht die Gefahr, sich im Kreis zu drehen. Für beide Parteien ist das sehr anstrengend. Bauen Sie deswegen immer wieder Bedenkzeiten ein. Würdigen Sie, was bisher herausgearbeitet wurde, laden Sie ein, das wirken zu lassen, und geben Sie eine Denkaufgabe im Sinne von »Was brauche ich, um ...?« mit. Jeder kann sich erholen und die besprochenen Inhalte überdenken, sich mit seinen Vertrauten austauschen und seine Position neu ausrichten.

Abb. 11: Wenn beide Glocken geöffnet sind, wird ein echter Austausch möglich

Schritt 5: Eine tragfähige Lösung finden

Erinnern Sie sich an die ausgeprägte Lösungsorientierung von Führungskräften? Die kommt hier wieder ins Spiel. Vermutlich haben Sie längst eine Lösung im Kopf und wollen diese umsetzen. Bremsen Sie sich jedoch besser, und geben Sie dem Mitarbeiter Zeit, sich selbst über eine Lösung Gedanken zu machen. So fordern Sie ihn auf, mitzudenken und sich konstruktiv an der Lösungsfindung zu beteiligen. Der Vorteil: Im Falle einer Lösung, an der er beteiligt war, ist seine Bereitschaft größer, wirklich etwas zu ändern.

Bestätigen Sie Lösungsansätze, die Ihnen gefallen positiv (»Das finde ich klasse«, »Gute Idee«, »Danke für dein Engagement«), und ergänzen Sie eigene, fehlende Lösungsansätze (»Ich sehe darüber hinaus die Notwendigkeit, dass ...«).

Schritt 6: Dranbleiben und wachsam sein

Freuen Sie sich, wenn die Gespräche konstruktiv verlaufen sind und am Ende eine gute Vereinbarung steht. Doch bleiben Sie wachsam, inwieweit dies auch in der Praxis nachhaltig umgesetzt wird.

Die Erfahrung zeigt: 80 Prozent der Kritik- und Korrekturgespräche sind auf diese Weise erfolgreich.

Und was mache ich mit den restlichen 20 Prozent? werden Sie fragen.

Dann wird es aufwendiger. Sie benötigen nun den Austausch, den Rat und die Unterstützung Ihres Vorgesetzten und der Personalabteilung. In Teil B, Kapitel 1 werden wir darauf eingehen.

PRAXISCHECK

Reflektieren Sie anhand der Kapitel 4.1 bis 4.3 Ihre Stärken und Entwicklungsfelder in der Gesprächsführung. Setzen Sie in kommenden Gesprächen Ihre Stärken ganz bewusst ein, und beobachten Sie aufmerksam die positive Wirkung bei Ihrem Gegenüber. Nehmen Sie sich ein Entwicklungsfeld vor, und experimentieren Sie mit den dargestellten Methoden. Beobachten Sie aufmerksam die Wirkung bei Ihrem Gegenüber.

Was bringt es mir, wenn ich das weiß?

Mit der dargestellten Gesprächstechnik kann ich kritische Punkte unaufgeregt und wertschätzend mit dem Mitarbeiter besprechen. Ich verletze unsere Gefühls- und Beziehungsebene nicht, und mein Gesprächspartner kommt nicht umhin, meine Aussagen ernst zu nehmen und sich mit ihnen auseinanderzusetzen.

4.4 Raus mit dem Ärger – kollegial streiten

Nicht nur Führungskräfte müssen ab und an ein Kritik- und Korrekturgespräch mit ihren Mitarbeitern führen. Auch Mitarbeiter haben untereinander immer wieder Klärungsbedarf. Die meisten genervten Mitarbeiter fragen sich dann: Soll ich es ansprechen oder besser nicht? Der Hintergrund: Kritik unter Kollegen hat ein schlechtes Image. Wenn man das Wort »Kritik« hört, denkt man automatisch an Stress, Ärger und Verletzungen, die sie hinterlassen hat. Das kommt nicht von ungefähr: Wer kritisiert wird, fühlt sich meist infrage gestellt. Das tut weh. Und wer Kritik äußert, läuft Gefahr, andere zu verletzen. Beides hat Folgen. Ein Minenfeld.

Da ist es verständlich, dass der erste Weg nicht direkt zum Störenfried selbst, sondern zur Führungskraft führt. Der Chef soll es richten.

Doch die meisten Führungskräfte erwarten von ihren Mitarbeitern, dass sie in der Lage sind, Schwierigkeiten untereinander zu klären und zu lösen. Sie denken sich: »Ich bin doch kein Kindermädchen. Das sind erwachsene Leute. Wir sind hier auf der Arbeit. Da erwarte ich, dass die sich nicht wie kleine Kinder im Sandkasten die Köpfe einschlagen, sondern sich zusammenraufen.«

Die Anforderung an die Mitarbeiter lautet unmissverständlich: »Klärt das bitte unter euch. Das ist etwas Persönliches, dafür bin ich nicht zuständig, da mische ich mich nicht ein. Das müsst ihr schon selbst aushandeln.«

Verständlich, nicht wahr? Nur leider in den meisten Fällen nicht richtig. So einfach werden wir einen Mitarbeiter, der sich mit einer zwischenmenschlichen Störungsmeldung an uns wendet, nicht los. Klar, man kann das schnell als Lästerei abtun und dem Mitarbeiter klarmachen, dass man das nicht gutheißt. Nur gelöst ist damit nichts. Der Mitarbeiter ist dann zwar weg, aber das Problem bleibt. Er zieht unverrichteter Dinge von dannen, fühlt sich abgewiesen, hat keine Unterstützung erfahren und wird nun andere Kollegen unter seine Glocke ziehen. Wir hatten das bereits:

Abb. 12: Ich habe recht – die anderen sagen das auch

Andererseits kann es nicht angehen, dass die Führungskraft alle Streitereien unter Mitarbeitern schlichtet. Da hätte sie viel zu tun.

Was tun?

Wir brauchen eine Einschätzung, ob wir den Mitarbeiter selbst ins Handeln bringen sollten oder seinen Auftrag annehmen müssen. Zuvor müssen wir wieder einmal verstehen. Verstehen, um was es genau geht. In Kapitel 4.2 sind wir mit der entsprechenden Gesprächstechnik unter die Glocke des Mitarbeiters geschlüpft und haben uns darunter aufmerksam umgesehen. Sobald wir ihn verstanden haben, können wir beurteilen, was es braucht. Daraus können drei Grundsituationen entstehen:

- Der Mitarbeiter hat sich ausgesprochen und eine Einschätzung der Führungskraft zu seinem Problem erhalten. Das hilft ihm bereits, besser mit der Situation umzugehen. Es besteht kein weiterer Handlungsbedarf.
- Die Führungskraft ermutigt den Mitarbeiter, das direkte Gespräch mit dem Kollegen zu suchen.
- Die Führungskraft nimmt den Auftrag des Mitarbeiters an und handelt entsprechend.

Um die Situation einer der drei Varianten zuordnen zu können, helfen ein paar Vorüberlegungen:

Rollenklarheit ist wichtig
Mitarbeiter auf gleicher Ebene sind nicht befugt, sich gegenseitig etwas vorzuschreiben. Tun sie es dennoch, führt das unweigerlich zu Verwerfungen. Eine fachliche Leitung hat das Recht, fachliche Vorgaben zu machen, Aufgaben und Zuständigkeiten zu verteilen, Termine zu setzen, Arbeiten zu kontrollieren und zu korrigieren. Für nichtfachliche Fragestellungen ist ausschließlich die disziplinarische Führungskraft zuständig. Dazu zählt beispielsweise unangebrachtes Verhalten, unprofessionelles Auftreten oder Kritik am äußeren Erscheinungsbild.

Loslassen ist notwendig
Fühlt sich ein Mitarbeiter für das Thema eines anderen verantwortlich nach dem Motto »Ich denke ganzheitlich im Unternehmensinteresse« oder »Es ist mein Baby, schließlich habe ich das Thema damals aufgebaut«, braucht es eine klare Ansage der Führungskraft, damit der Mitarbeiter erkennt, dass er nicht (mehr) zuständig ist und loslassen soll.

Vergleichen ist ungut
Gerade Perfektionisten neigen dazu, den eigenen Anspruch an die Arbeitsqualität auf andere zu übertragen. Sie kritisieren Kollegen für ihren unvollkommenen Arbeitsstil und fühlen sich für deren Fehler mitverantwortlich. Das ist übergriffig und muss unterbunden werden.

Noch einmal zusammengefasst: Bevor wir einen Mitarbeiter mit seinem Problem in die direkte Auseinandersetzung mit seinem Kollegen schicken, lohnt es sich, nachzudenken und sorgsam zu unterscheiden: Ist seine Kritik überhaupt angebracht, oder mischt er sich in Dinge ein, die ihn nichts angehen? Im zweiten Fall droht er nämlich mit seiner Kritik zu scheitern und die Lage zu verschlimmbessern. Zur besseren Orientierung noch ein paar weitere klare Regeln:

Kritik ist immer dann angebracht, wenn das Verhalten eines Kollegen die eigene Arbeit behindert, die eigene Gesundheit gefährdet oder das eigene Wohlgefühl unnötig einschränkt. Alles, was den eigenen Erfolg behindert, dürfen und sollen Kollegen direkt ansprechen und untereinander klären.

Was sie dagegen runterschlucken sollten: persönliche Befindlichkeiten (»Ich mag solche Leute nicht«), Bewertungen, die ihnen nicht zustehen (»Er tratscht zu viel«) und Beurteilungen, die Vorgesetzten vorbehalten sind (»Er ist nicht kompetent«), etwa Einsatz und Leistungen. Gleiches gilt bei Geschmacksfragen: das Äußere (»Der Rock ist zu kurz«), der Stil (»Er müsste höflicher sein«) oder der Charakter (»Er ist ein Dampfplauderer«) von anderen. Wir sind bei der Arbeit im Austausch mit Kollegen, nicht unter Freunden. Deshalb können sich Mitarbeiter ihren Teil denken, aber es bitte unkommentiert lassen.

Stellt sich heraus, dass der Mitarbeiter seine Befugnisse überschreitet, nimmt die Führungskraft Stellung zum Problem: Sie weiß, dass es zu heftigen Konflikten kommt, wenn sich Kollegen untereinander kontrollieren – außer es gibt eine Vereinbarung, dass das alle wollen und offen dafür sind –, und bittet den Mitarbeiter, das in Zukunft zu unterlassen:

»Die Beurteilung der Arbeitsqualität deines Kollegen obliegt mir. Das darfst du getrost loslassen. Ich sehe deine gute Absicht, aber da kommen wir in Teufelsküche. Danke für dein Engagement in der Sache und deinen Hinweis. Er ist bei mir angekommen. Lass du das jetzt bitte los und bei mir. Ich kann mir gut vorstellen, dass das schwierig für dich ist. Doch es ist notwendig. Es ist nicht (mehr) deine Aufgabe.«

Stellt sich heraus, dass der Mitarbeiter eine berechtigte Kritik am Kollegen übt und er das Thema noch nicht direkt bei ihm angesprochen hat, sollte die Führungskraft ihn ermutigen, zunächst das offene Gespräch zu suchen. Denn Fakt ist: Nur wenn er sein Problem offen anspricht, hat der andere eine Chance, sein Verhalten, mit dem er sich vielleicht unwissentlich selbst im Weg steht, zu ändern. Keiner kann auf etwas reagieren, von dem er nichts weiß.

»Ich stimme dir zu, das ist ein unbefriedigender Zustand. Das muss dein Kollege unbedingt erfahren. Nur so kann er an seinem Verhalten etwas ändern. Ich fände es gut, wenn du es in einem ersten Schritt selbst ansprichst. Wenn du magst, kann ich dir zeigen, wie das geht. Wir können es gemeinsam vorbereiten und nachbesprechen. Wenn dann noch Bedarf besteht, unterstütze ich dich gern. Was meinst du?«

Sie können Ihrem Mitarbeiter das Kommunikationsmodell mit Sach-, Gefühls- und Beziehungsebene erläutern und die Bedeutung von Respekt, Wertschätzung und Umgang auf Augenhöhe betonen. Dann zeigen Sie ihm, wie man mithilfe des folgenden Zehn-Stufen-Plans eine Störung richtig anspricht.

Stehen Sie für seine Fragen zur Verfügung. Bieten Sie an, dass sich der Mitarbeiter zunächst auf das Gespräch vorbereitet und anschließend alles noch einmal mit Ihnen durchspricht. Planen Sie in jedem Fall einen Termin für eine Nachbesprechung, um zu hören, wie es gelaufen ist und gegebenenfalls nachzubessern.

Traut sich der Mitarbeiter das direkte Kritikgespräch nicht zu, weil er Angst vor negativen Konsequenzen hat, ermutigen Sie verstärkt, aber vermeiden Sie Zwang und Druck. Schicken Sie ihn bei Bedarf in eine Schulung. Unterstützen Sie wenn nötig eine Klärung, wie in Teil B, Kapitel 2 beschrieben.

Störungen in der Zusammenarbeit ansprechen

Mit dem folgenden Zehn-Stufen-Plan können Mitarbeiter eine Störung in der Zusammenarbeit mit Kollegen so ansprechen, dass ein anderer versteht,

- worum es ihnen geht und
- was sie wollen,

ohne dass sich der Kollege angegriffen fühlt.

Hier nun die Tipps, die Sie Ihren Mitarbeitern mit auf den Weg geben können. Damit Sie auch etwas »in der Hand« haben, finden Sie im Online-Material zu diesem Buch ein Handout dieses Ablaufs, das sie Ihren Mitarbeitern zur Verfügung stellen können.

Schritt 1: Den richtigen Zeitpunkt für mich wählen

Sprechen Sie das Ärgernis nicht an, wenn Sie auf 180 sind. Im Affekt reagiert man viel zu emotional und trifft möglicherweise Aussagen, die einem später zum Nachteil gereichen. Das ist für Geschäftsbeziehungen absolutes Gift.

Eiserner Grundsatz: Üben Sie Kritik nie spontan, nie zwischen Tür und Angel und nie vor anderen.

Schritt 2: Die richtige Vorbereitung

Ordnen Sie sich immer erst selbst. Entwirren Sie Ihre Gedanken, beruhigen Sie Ihre Gefühle und reflektieren Sie, was in Ihnen passiert: Hat ein Kollege mit seinem Spruch alte Wunden bei Ihnen aufgerissen? Das hat im Job nichts verloren. Schlafen Sie lieber eine Nacht darüber, um sich zu beruhigen. Wenn Sie nicht warten können und etwas dringend abladen wollen, rufen Sie lieber einen Freund an, um Ihrem Ärger Luft zu machen – oder bewegen Sie sich an der frischen Luft, um Ihre Wut zu kanalisieren.

Nehmen Sie sich Zeit, um aufmerksam in sich hineinzuhorchen. Wir starten mit der Selbstklärung:

- Welche Warnsignale nehme ich wahr?
- Was genau ist es, was mich stört?
- Welche Gedanken und Gefühle entstehen dazu bei mir?
- Welches meiner Bedürfnisse ist unerfüllt?
- Warum ist mir das Thema so wichtig?
- Was konkret würde ich mir wünschen?

Schritt 3: Den richtigen Zeitpunkt für den anderen finden

Üben Sie Kritik bitte *zeitnah*, damit der andere sich noch erinnern kann. Sonst gehen Energie und Bedeutung verloren.

Überfallen Sie den anderen nicht mit Ihrer Ansprache. Kündigen Sie kurz an, worüber Sie sprechen möchten. Finden Sie eine neutrale Überschrift für Ihr Thema. Klären Sie, ob der Zeitpunkt auch für Ihr Gegenüber passt. Respektieren Sie, wenn der andere gerade weder Zeit noch Kopf für das Gespräch hat. Denn nur, wenn Ihr Gegenüber offen ist, haben Sie eine Chance, dass Ihre Kritik überhaupt ankommt.

Schritt 4: Andere abholen

Eine Situation hat Sie nicht mehr losgelassen, Sie haben viel darüber nachgedacht, sind emotional aufgewühlt. Aber: Der andere weiß das vielleicht gar nicht. Deswegen müssen Sie ihn erst »abholen«, um über den Vorfall sprechen zu können.

Stellen Sie sich vor, Sie hätten die kritische Situation aufgezeichnet. Beschreiben Sie den Vorfall so sachlich und konkret, wie es der Film täte – ganz ohne Anklage, Interpretation oder Bewertung. Denn sonst geht der andere sofort in den Widerstand.

Schritt 5: Die Störung beschreiben

Beschreiben Sie erst mal nur das, was war. Ohne Verallgemeinerungen, Rundumschläge und Übertreibungen. Driften Sie weder ins Allgemeine noch in alte Vorwürfe ab. Zitieren Sie den genauen O-Ton (»Du hast gesagt: Ihr seid doch alle doof«), statt zu bewerten (»Du hast uns alle beleidigt«).

Reagieren Sie auf einen Zwischenkommentar freundlich, aber bestimmt. Zum Beispiel mit: »Lass mich das noch kurz zu Ende beschreiben, damit wir auf dem gleichen Informationsstand sind.«

Schritt 6: Die Konsequenzen benennen

Dann zeigen Sie den imaginären Film weiter und beschreiben nun auch Sequenzen, die der andere vielleicht nicht mehr miterlebt hat.

Welche sachlichen Konsequenzen hatte die Situation später für Sie? Sind Kollegen auf Sie zugekommen? Mussten Sie länger arbeiten oder konnten Termine nicht einhalten? Hier ist es nicht notwendig, zu betonen, wie ärgerlich sie waren. Denn das erklärt sich von selbst, wenn Sie bis 20 Uhr im Büro saßen.

Schritt 7: Ich-Botschaften senden

Nun haben Sie Gelegenheit, emotional zu werden. Statt Vorwürfe à la »Du bist so unzuverlässig« zu machen, senden Sie Ich-Botschaften, in denen Sie dem anderen Einblick in Ihre Gedanken und Gefühle gewähren. Solche Sätze starten zum Beispiel mit »Ich bin verwundert ...«, »Mich irritiert ...« oder »Mir ging nicht mehr aus dem Kopf ...«. Zeigen Sie Ihr positives Anliegen: »Mir ist wichtig, dass wir uns aufeinander verlassen können.« Bleiben Sie im Business-Jargon, und sagen Sie »irritiert« statt »enttäuscht« oder »verärgert« statt »verletzt«.

statt: »Ich bin ..., weil du ...«

besser:« Ich bin ...,
- weil mir wichtig ist ...«
- weil ich brauche ...«
- weil ich gern hätte ...«
- weil mir am Herzen liegt ...«
- weil ich Wert lege auf ...«
- weil ich möchte ...«

Schritt 8: Ruhig abwarten, schweigen und kommen lassen
Damit ist Ihr Teil getan. Haben Sie Geduld, warten Sie ab, und sagen Sie erst mal nichts. Nun muss der andere reagieren. Geht er in die Abwehr, oder schluckt er Ihre Aussagen? Zeigt er gleich Verständnis: Super. Falls er aber zum Gegenangriff übergeht oder sich verteidigt, bessern Sie nach: »Mir geht es nicht darum, dich anzugreifen, sondern zu zeigen, was schwierig für mich war.« Ihre Grundhaltung: Fehler passieren. Sie sind dem anderen nicht böse, sondern möchten in Zukunft gut gemeinsam arbeiten. Also bleiben Sie wohlwollend statt anklagend.

Schritt 9: Gemeinsam zu einer guten Lösung kommen
Lassen Sie dem anderen den Vortritt. Es reicht, wenn Sie das Problem darlegen, Sie müssen nicht die Lösung dazu anbieten. Der andere ist kompetent und in der Lage, selbst eine vorzuschlagen. Vorteil: Wenn sie von ihm kommt statt von Ihnen, ist die Bereitschaft größer, wirklich etwas zu ändern. Bestätigen Sie Lösungsansätze, die Ihnen gefallen, positiv (»Das wäre klasse«, »Gute Idee«, »Danke für dein Entgegenkommen«) und ergänzen Sie eigene, fehlende Lösungsansätze als Wunsch (»Ich würde mir dazu noch wünschen, dass ...«).

Schritt 10: Das Gespräch positiv beenden
Sie sind zufrieden, dass das Gespräch stattgefunden hat? Dann zeigen Sie's! Und drücken Sie Zuversicht für die Zukunft aus. Auch gut: Wertschätzung der Zusammenarbeit (»Ich arbeite gern mit dir und bin froh, dass wir das klären konnten«). Bedanken Sie sich für die Zeit, die sich der andere genommen hat, und schließen Sie positiv ab, indem Sie zu einem lockeren Thema überleiten. Oder gehen Sie einen Kaffee trinken, um die Dramatik rauszunehmen und die Beziehung zu pflegen.

Eine positive Feedbackkultur unter Kollegen aufbauen
Verständigen Sie sich im Team, dass Fehler oder Störungen angesprochen werden dürfen. Hören Sie zwischen den Zeilen, und suchen Sie das Gespräch, wenn Sie den Eindruck haben,

dass andere Sie kritisieren wollen, sich aber nicht richtig trauen. Ermutigen Sie Kollegen, Probleme mit Ihnen offen anzusprechen, und gehen Sie nicht in die Verteidigung, sondern bedanken Sie sich für die offenen Worte. So lernen Sie selbst dazu, agieren als Vorbild und stärken letztlich alle anderen.

Praxistipp: Im Online-Material zu diesem Buch finden Sie ein Beispiel, wie Sie Störungen unter Kollegen richtig ansprechen. Laden Sie das Handout herunter, und drucken Sie es aus. Bieten Sie es bei nächster Gelegenheit einem Mitarbeiter zur Unterstützung an. Oder besprechen Sie das Thema proaktiv in einem Ihrer nächsten Teammeetings.

Was bringt es mir, wenn ich das weiß?

Mithilfe dieses Wissens bin ich in der Lage, die Kultur in meinem Verantwortungsbereich zum Thema »Umgang mit Störungen in der Zusammenarbeit, Konflikten und Fehlern« weiterzuentwickeln. Ich werde zum wertvollen Sparringpartner meiner Mitarbeiter in schwierigen Lagen.

Teil B
Loslegen:
… dann handeln

5 Wenn einer stört …

… dann hat nicht nur der Chef Handlungsbedarf, sondern die Performance und das gesamte Team und manchmal auch das Umfeld leiden darunter. Klar ist: Kritik- und Korrekturgespräche gehören zum Führungsalltag. Menschen machen Fehler und ticken unterschiedlich. Meinungen sind verschieden, und Missverständnisse lassen sich nicht immer vermeiden. Nur wie geht man das Thema geschickt an? Lernen wir dazu Carla kennen:

> **Praxisbeispiel**
>
> Carla ist Gruppenleiterin und führt seit knapp vier Jahren eine Gruppe mit zwölf Mitarbeitern. Kurz nachdem sie kam, verließen zwei Mitarbeiter das Team. Bereits im Vorstellungsgespräch hat sie von ihrem Vorgesetzten den Auftrag bekommen, einen offensichtlichen Low-Performer zu mehr Leistung zu bewegen. Beherzt hat sich Carla dieser Anforderung gestellt, mit dem Ergebnis, dass dieser nach zweijährigem »Krieg« endlich das Team verlassen hat.
>
> Carla hat Führung nie gelernt. Fachlich sicher und kompetent kämpft sie sich mit gesundem Menschenverstand und Bauchgefühl nach bestem Wissen und Gewissen durch die nichtfachlichen Herausforderungen ihrer Führungsfunktion. Als ihre beste Mitarbeiterin aufgrund privater Probleme einen längerfristigen Leistungseinbruch hat, gerät Carla darüber mit ihr und am Ende sogar mit dem gesamten Team in einen heftigen Konflikt. Das Team stellt sich voll hinter die Mitarbeiterin und klagt Carla als unfähige Führungskraft an.

Klingt ziemlich verzwickt, finden Sie nicht auch?

Vielleicht fühlen Sie mit Carla ein wenig mit? Denn wahrscheinlich gehört es auch nicht zu Ihren Lieblingsbeschäftigungen, Kritik zu üben, und Sie haben eventuell selbst schon schwierige Situationen mit einzelnen Mitarbeitern erlebt, die trotz bester Absichten und ernsthaftem Bemühen einfach nicht in den Griff zu kriegen waren. Das Problem: Grundsätzlich möchte jeder gern gelobt werden, und keiner wird gern kritisiert. Doch es ist ein offenes Geheimnis: Manchmal können oder wollen Mitarbeiter nicht so, wie sie sollten. Woran das im Einzelnen liegt, kann viele Gründe haben, denn die Palette der individuellen Ecken und Kanten ist breit.

Ohne in Schubladen denken zu wollen, erlauben wir uns hier, einige schwierige Mitarbeiterfacetten konkret zu benennen. Da sind zum Beispiel altgediente Mitarbeiter, die schon viel im Unternehmen mitgemacht haben, sich nichts mehr erzählen lassen und bei denen die Luft raus ist. Dann gibt es die Rosinenpicker: Sie sind stets darauf bedacht, alle Annehmlichkeiten mitzunehmen und Unangenehmem auszuweichen – zur Not auch auf Kosten der Kollegen. Es gibt vereinzelt sture, freche, charakterlose und nervige Mitarbeiter sowie Mitarbeiter mit einem chronisch schlechten Benehmen. Und: Es gibt auch immer wieder unzuverlässige, unpünktliche und leistungsschwache Mitarbeiter. Im Arbeitsalltag entstehen durch ihr Verhalten Reibungsverluste, Ärger, Ohnmacht und manchmal sogar echte Verzweiflung – ob bei Kunden, im Kollegenkreis oder bei den Vorgesetzten.

Dann sieht sich die Führungskraft genötigt, einzuschreiten und Kritik zu äußern oder eine Korrektur vorzunehmen. Sie bewegt sich dabei grundsätzlich auf dünnem Eis. Ein paar ungeschickte Formulierungen reichen aus, dass sich der Mitarbeiter unverstanden, verletzt oder unfair behandelt fühlt. Statt sich einsichtig zu zeigen,

- verteidigt er sich: »Ich konnte nichts dafür, weil ...«
- geht er in den Widerstand: »Das stimmt so nicht ...«
- startet er einen Gegenangriff: »Du bist ungerecht, bei den anderen duldest du das.«
- oder er zieht sich schmollend zurück und denkt: »Die kann mich mal.«

Am Ende ist oft mehr kaputt als gewonnen. So wie hier: Schauen Sie!

Willi verleiht seiner Unzufriedenheit Ausdruck.

Im Schlaf schmiedet der Mitarbeiter Rachepläne.

Selbstzweifel kommen auf: Ist wirklich nichts gut an mir?

Der Mitarbeiter fühlt sich kraftlos und arbeitsunfähig.

Der Mitarbeiter kündigt innerlich.

Abb. 13: Das ungeschickte Kritikgespräch

Erinnert Sie das an eigene Erlebnisse?

Noch einmal: Kritik- und Korrekturgespräche gehören selbstverständlich dazu. Doch sie einfach frei Schnauze zu führen, ist ein riskantes Unterfangen und damit ein No-Go. Um die Kritik angemessen vorzubringen, ist eine professionelle Gesprächsführung notwendig. Wertschätzend sprechen, um die Gefühls- und die Beziehungsebene nicht unnötig zu belasten, und klar in der Sache zu argumentieren, stabil aus dem Erwachsenen-Ich und ohne erhobenen Zeigefinger – das ist kein Kinderspiel, sondern erfordert Geschick und Fingerspitzengefühl.

Das ist umso wichtiger, weil sich die kritische Auseinandersetzung mit einem Mitarbeiter nicht isoliert betrachten lässt. Sie wirkt immer auf das gesamte System. Die Erfahrung zeigt: Es ist für die Kollegen kaum möglich, sich gänzlich aus einem Konflikt im Team herauszuhalten. Früher oder später wird jeder hineingezogen und muss Position beziehen. Betrachten wir drei verschiedene Szenarien, die dabei typischerweise entstehen:

Szenario 1: Der beliebte Kollege
Erfreut sich der Störenfried großer Beliebtheit im Kollegenkreis, wird es für die Führungskraft deutlich schwieriger, die Akzeptanz der Gruppe für die notwendigen Korrekturgespräche und maßnahmen zu erhalten. Denn der Mitarbeiter hat sein Nest im Team und wird dort brühwarm, subjektiv und emotional aus seiner Perspektive die Vier-Augen-Gespräche beschreiben, die Sie hinter verschlossener Tür mit ihm geführt haben. Er wird sich bei den Kollegen ausweinen, jammern, schimpfen, sich trösten und aufbauen lassen. Sie erinnern sich: Er zieht die Kollegen damit unter seine Glocke. Nachdem er eine in sich schlüssige Sicht- und Erlebensweise entwickelt hat, wird er seine Gesprächspartner für sich einnehmen können. Die Führungskraft wird zunehmend als unfair erlebt und mit der Zeit zum Feind der Gruppe. Andererseits hat die Führungskraft keine Möglichkeit, sich zu erklären oder zu rechtfertigen und damit die Mitarbeiter ebenso unter ihre Glocke zu ziehen. Sie muss die persönlichen Rechte des kritisierten Mitarbeiters schützen und darf nicht in aller Offenheit über die Hintergründe ihres Handelns Auskunft geben. Sie merken: Das sind ungleiche Voraussetzungen, und am Ende zieht im Zweifel die Führungskraft den Kürzeren.

Szenario 2: Der unbeliebte Kollege
Nervt der Störenfried mit seinem Verhalten oder seiner Inkompetenz seit Langem die Kollegen, werden diese sich immer wieder bei ihrem Vorgesetzten über ihn beschwert haben. Alle hoffen darauf, dass dieser sich einschaltet und es richten wird. Aufgrund der schlechten Beziehungen wird der kritisierte Mitarbeiter sein »Leid« nicht mit den Kollegen teilen. Somit entsteht an dieser Stelle weder Solidarität noch Mitleid mit ihm. Trotzdem: Wenn es ernst wird und sich abzeichnet, dass der Kollege unangenehme Konsequenzen tragen muss, fühlen sich die einstigen »Ankläger« unwohl und wollen nicht verantwortlich dafür zeichnen. Sie stellen sich dann trotzdem kollegial hinter den Kollegen und machen damit ihre Position als Mitarbeiter klar.

Szenario 3: Die neutrale Führungskraft
Manchmal kommt es vor, dass sich mehrere Mitarbeiter immer wieder über einen Kollegen beschweren, die Führungskraft aber »eigentlich« mit der Performance und dem Verhalten des

Kritisierten zufrieden ist. Sie sieht keinen Handlungsbedarf. Dann entsteht schnell der Eindruck, dass sich die Kollegen auf unfaire Weise gegen diesen Mitarbeiter zusammenrotten. Die Beweggründe dafür werden in der Regel eher im Bereich der persönlichen Sympathie bzw. hier der Antipathie gesehen. Der Mobbingverdacht liegt nahe. Die Führungskraft möchte sich nicht von der Gruppe instrumentalisieren lassen und wiegelt die aufgezeigten Probleme daher immer wieder ab. Dadurch eskaliert die Situation, bis ein heftiger Konflikt ausbricht. Am Ende steht dann auch die Führungskraft in der Kritik der Mitarbeiter, einfach weil sie nicht hilfreich ist.

Die gute Nachricht: Um in einem Kritikgespräch wirksam zum Mitarbeiter durchzudringen, muss die Führungskraft weder böse und hart noch unfreundlich werden. Es geht nicht darum, den Mitarbeiter unter Druck zu setzen, zu schimpfen, anzuklagen oder zu verurteilen. Vielmehr ist es wichtig, den Mitarbeiter dort abzuholen, wo er steht, seine gute Absicht zu erkennen und diese zu würdigen, ihm aber gleichzeitig unaufgeregt die Notwendigkeiten auf seinem Rollenstuhl zu verdeutlichen.

Leider ist Carla aus unserem Praxisbeispiel darin nicht geschult. Deswegen läuft sie Gefahr, trotz bester Absicht mit ihrem Verhalten noch mehr Verwirrung und Unmut zu stiften. Als geschulte Konfliktexperten, die wir inzwischen alle sind, raten wir Carla, besonnen und planvoll vorzugehen. Sie sollte tunlichst die folgenden grundlegenden Hinweise berücksichtigen:

Tipp 1: Poltern Sie nicht einfach drauf los
Grundsätzlich sollten wir unserem Ärger in aufgewühltem Zustand nicht ungefiltert Luft machen. Das mag zwar kurzfristig befreiend wirken, geht jedoch meist schief und bringt mehr Ärger, als es Lösung verspricht. Schneller als man denkt entstehen nachhaltige Verletzungen, und wertvolles Vertrauen geht verloren.

Am besten: Einmal darüber schlafen.

Tipp 2: Sammeln Sie keine Rabattmarken
Immer wieder beobachten wir Kleinigkeiten, die uns stören. Doch in der Hektik des Alltags gelingt es uns nicht, den Freiraum für ein zeitnahes Kritikgespräch zu schaffen. Nachdem es so schlimm ja auch wieder nicht ist, lassen wir irgendwann wieder davon ab. Innerlich kleben wir aber eine Marke in unser gedankliches Rabattmarkenheft. Mit der Zeit füllt sich das Heft, wir sind allmählich mit unserer Geduld am Ende, und bei der nächsten Kleinigkeit entladen sich der aufgestaute Frust, der Ärger und die gesammelten Vorwürfe unvermittelt. Der Mitarbeiter hat dann schon recht, wenn er die Heftigkeit unserer Reaktion als unangemessen empfindet. Schließlich weiß er nichts von all den Rabattmarken bzw. Ärgernissen, die wir über die Zeit gesammelt haben. Für ihn wirkt es eher so, als hätten wir etwas gegen ihn, wären unfair und unprofessionell.

Am besten: Nehmen Sie Ihre Kritik ernst und bringen Sie sie unbedingt zeitnah an.

Tipp 3: Reden Sie nicht *über*, sondern *mit* dem Betroffenen
Oft erzählen wir das Problem abends beim gemeinsamen Essen unserem Partner oder unbeteiligten Kollegen. Das entlastet uns zwar kurzfristig. Wir können Dampf ablassen. Nur leider erfährt der Mitarbeiter nichts von unserer Kritik. Erst im direkten Gespräch erhält er die Chance, selbst zu erkennen, was nicht passt, und gezielt und rechtzeitig gegenzusteuern. Ansonsten ist es unfair: Denn keiner kann sich ändern, wenn ihm nicht klar ist, womit er in der Kritik steht.

Am besten: Nehmen Sie sich die Zeit, und führen Sie bei Bedarf ein Vier-Augen-Gespräch.

Tipp 4: Geben Sie zeitnah Feedback
In der Hektik unseres Alltags sind solche Ärgernisse häufig »Kleinigkeiten«, die nach ein paar Tagen wieder an Bedeutung verlieren. Der Ärger verraucht, und damit lässt auch der Druck nach, mit dem Mitarbeiter ein Gespräch zu führen.

Am besten: Richten Sie kurze Wege für aktuelle Kritik ein.

Tipp 5: Kritisieren Sie die Sache und nicht die Person
Auch und gerade im Kritik- und Korrekturgespräch ist es wichtig, dass wir die Gefühls- und die Beziehungsebene pflegen und nicht unachtsam verletzen. Bleiben Sie bei aller Aufregung respektvoll und wertschätzend gegenüber der Person, und kritisieren Sie klar und nachvollziehbar die Sache.

Am besten: Drücken Sie auch im Kritikgespräch Ihre Wertschätzung aus.

Tipp 6: Bereiten Sie sich vor
Nehmen Sie sich Zeit, um Ihre Kritik aufzubereiten: Was stört konkret und wie bedeutsam ist der Punkt? Handelt es sich »nur« um ein kleines Beispiel, an dem sich jedoch »mal wieder« ein grundsätzliches Problem zeigt, so sollten wir den Ernst der Lage deutlich machen. Ist es hingegen ein kleiner Schnitzer, der jedem mal passieren kann, dann sollten wir nicht mit Kanonen auf Spatzen schießen. Am besten betrachten wir die Ereignisse im Kontext der Gesamtperformance. Wir frustrieren einen engagierten Mitarbeiter, wenn wir ihn wegen einer Lappalie kritisieren, gleichzeitig jedoch seine gute Performance als selbstverständlich ansehen und unerwähnt lassen. Andererseits sollten wir auch nicht untertreiben, weil der Mitarbeiter dann nicht erkennen kann, wie wichtig uns der Punkt ist. Und: Dosieren Sie Ihre Kritik auf ein erträgliches Maß. Wenn wir ein Kritikgespräch mit zu vielen Kritikpunkten überfrachten, ist der Mitarbeiter überfordert.

Am besten: Sprechen Sie ein bis maximal drei Kritikpunkte auf einmal an.

Tipp 7: Bleiben Sie offen

Häufig ist es nicht so, wie es scheint. Ja, Sie haben eine ungute Wirkung wahrgenommen. Sparen Sie sich jedoch die Mühe, lange darüber zu grübeln. Vorverurteilen Sie den Mitarbeiter nicht, unterstellen Sie ihm keine schlechten Absichten, und interpretieren Sie sein Verhalten nicht eigenständig. Bringen Sie einfach die Fakten bzw. Ihre Beobachtungen und Eindrücke auf den Tisch, und geben Sie dem Mitarbeiter Gelegenheit, seine Sichtweise darzulegen. Bleiben Sie neugierig, suchen Sie nach seiner guten Absicht, und erkennen Sie, wie er denkt und tickt. Das eröffnet Ihnen die Möglichkeit, gezielt darauf einzugehen und Einfluss zu nehmen.

Am besten: Entwickeln Sie Neugier statt Ärger, und freuen Sie sich auf das Gespräch.

Tipp 8: Kritisieren Sie im Vier-Augen-Gespräch

Stellen Sie Ihren Mitarbeiter nicht vor anderen bloß. Reden Sie nicht hinter seinem Rücken bei den Kollegen über sein Fehlverhalten, und sparen Sie sich flapsige Bemerkungen wie »Als du das geschrieben hast, warst du wohl betrunken«. Andererseits: Fühlen Sie sich von ihm in öffentlicher Runde angegriffen, lassen Sie sich auf keinen Schlagabtausch vor versammelter Mannschaft ein. Verleihen Sie Ihrer Irritation Ausdruck, oder setzen Sie ein Stopp. Aber moderieren Sie die Aussprache dazu ins Vier-Augen-Gespräch.

Am besten: »Mich irritiert deine Aussage. Aber lass uns das gleich nachher im Vier-Augen-Gespräch klären.«

Warum es üblicherweise schiefgeht

Carla hat bereits etliche Male Performance- oder Verhaltensprobleme bei Mitarbeitern erlebt. Sie hat ihre eigene Gewohnheit entwickelt, wie sie darüber mit der Person ins Gespräch geht. Sie tritt dabei in die häufigsten drei Fettnäpfchen, in die die meisten Führungskräfte regelmäßig treten:

- **Die Führungskraft spricht zu viel**
  Das Problem: Wir erfahren nichts Neues. Denn alles, was wir sagen, kennen wir bereits. Wir reden mit Engelszungen, erklären unserem Gegenüber Selbstverständlichkeiten wie einem Kleinkind, appellieren an den gesunden Menschenverstand und hoffen auf baldige Einsicht und nachhaltige Besserung. Und während wir über Pünktlichkeit, Zuverlässigkeit, Kollegialität, Arbeitsqualität oder einen respektvollen Umgangston referieren, klingt es, als würde ein Vater oder eine Mutter mit dem Kind sprechen. Prompt reagiert der Mitarbeiter mit kindlichem Verhalten – je nach Naturell angepasst, rebellisch, oder er schaltet auf Durchzug.
- **Mehr des Gleichen**
  Führt das Gespräch nicht zur erhofften Wirkung, wiederholen wir es immer wieder. Zum x-ten Mal stellen wir klar, dass es so nicht geht, und erklären, warum das so ist. Wir hören uns die wiederholten Rechtfertigungen des Mitarbeiters an, warum es leider nicht anders möglich war, und gehen immer wieder darauf ein. Das Problem: Wir drehen uns schon lange

im Kreis und verschwenden wertvolle Zeit und Energie. Das nervt. Langsam aber sicher sind wir mit unserer Geduld am Ende. Irgendwann verlieren auch die verständnisvollsten Führungskräfte die Beherrschung, erhöhen den Druck, werden laut, verletzend, zynisch oder abweisend. Damit machen sie sich angreifbar.

- **Aus den Augen verloren**
  Das komplexe Aufgabengebiet einer Führungskraft drängt sich immer wieder in den Vordergrund und schiebt den begonnenen Führungsprozess in den Hintergrund. Erst wenn das Thema erneut aufpoppt, weil weitere Schwierigkeiten entstanden sind, lenken wir unsere Aufmerksamkeit wieder darauf. Nach dem Motto: »Ach ja, da war doch noch was. Hat sich das denn immer noch nicht gebessert?« Anstatt dass wir das Thema nachhaltig in den Griff bekommen, flutscht es uns wie ein Fisch im Wasser immer wieder durch die Hände.

Lassen Sie mich diese Fettnäpfchen mithilfe von zwei Beispielen praxisnah erläutern.

Praxisbeispiel

Franz ist Gruppenleiter. Sein Mitarbeiter Markus ist ein High-Performer, fachlich ausgesprochen gut, zudem engagiert, freundlich und allseits beliebt. Er hat nur eine Schwäche: Er kommt morgens nicht aus dem Bett. Das gleicht er zwar abends durch lange Anwesenheit wieder aus, doch Franz hat trotzdem ein Problem damit. Im Wechsel haben alle Kollegen von 8.00 bis 10.00 Uhr Telefonbereitschaft und halten damit den anderen den Rücken frei. Markus erscheint regelmäßig zu spät zu seinen Telefonschichten. Das Telefon ist dann nicht besetzt. Im Team macht sich Unmut breit.

Hilfesuchend wendet sich Franz an mich mit der Bitte, ich möge mit Markus sprechen und ihn zur Einsicht bringen. Auf die Frage, was er bislang unternommen habe, um das Problem zu lösen, berichtet Franz von etlichen ausgiebigen Gesprächen mit Markus. Dabei ist er offenbar in alle drei Fettnäpfchen getreten. Hören Sie selbst!

- **Die Führungskraft spricht zu viel**
  »Immer wieder habe ich Markus erklärt, dass sein Verhalten nicht geht, dass sich die Kollegen von ihm im Stich gelassen fühlen und dass ich als Chef ein Problem damit habe, weil die Servicevereinbarungen nicht eingehalten werden. Markus hat immer wieder Besserung gelobt, doch geändert hat sich nichts.«
- **Mehr des Gleichen**
  »Mit der Zeit bin ich richtig wütend geworden, habe versucht, mehr Druck aufzubauen, und vehementer auf ihn eingeredet, er möge mich doch ernst nehmen und bitte pünktlich kommen. Selbst die Androhung von Konsequenzen brachte keinen Erfolg.«
- **Aus den Augen verloren**
  »Das Ganze zieht sich nun bereits über zwei Jahre hin. Ich habe zwischendurch immer wieder gedacht, dass es besser wird, und mich dann natürlich auch nicht mehr darum gekümmert. Aber immer wieder beschweren sich Teamkollegen bei mir über ihn, ich bin mit meinem Latein und meiner Geduld am Ende.«

Wir merken: Franz braucht dringend eine Lösung. Der Unmut im Team ist inzwischen groß. Er kann Markus leider nicht aus der Telefonschicht herausnehmen. Zur Not, wirklich schweren Herzens, würde er sich von Markus trennen. Er hofft nun darauf, dass ich mit meinen Fähigkeiten bei ihm besser durchdringe, und er sein Verhalten doch noch ändert. Mit welcher Gesprächstechnik ich die Sache angegangen bin, zeige ich Ihnen im Folgenden. Was dabei herausgekommen ist, werde ich später berichten. Es gibt drei Haltegriffe, mit deren Hilfe jede Führungskraft die notwendige Klärung selbst schaffen kann.

Haltegriff Nr. 1: Fragen und zuhören statt reden
Wir wollen ans Tageslicht bringen, was nicht offensichtlich ist. Führen wir uns dazu noch einmal das Glockenmodell vor Augen. Sowohl der Mitarbeiter als auch der Gruppenleiter sind in ihrer Glocke gefangen. Ein echter Austausch findet nicht statt. Jeder argumentiert aus seiner Sicht heraus und hofft auf Einsicht beim anderen. Für ein erfolgreiches Klärungsgespräch wäre es notwendig, dass die Führungskraft zuerst den Mitarbeiter unter ihre Glocke schlüpfen lässt, damit er versteht, worum es ihr genau geht. Das wird Franz nachher mit einigen knappen, einführenden Worten tun.

Anschließend wird er unter die Glocke zu Markus schlüpfen und sich darunter aufmerksam umsehen. Franz will herausfinden, wie der Mitarbeiter unter seiner Glocke denkt. Denn er weiß: Markus hat eine in sich schlüssige Sicht- und Erlebensweise. Aus der heraus leitet sich sein Handeln logisch ab. Erst wenn die Führungskraft den zentralen Punkt herausgefunden hat, an dem die Sichtweisen auseinanderdriften, kann sie über des Pudels Kern sprechen und eine Veränderung verhandeln.

Eine konstruktive Einstellung bringt das Gespräch auf die richtige Spur. Statt wie bisher reagiert die Führungskraft nicht emotional, sobald sie Fehlverhalten oder Performanceprobleme erkennt. Sie denkt also nicht:

- Wie kann er nur?
- Das geht so nicht!
- Was glaubt er, wer er ist?
- Typisch, er denkt nur an seine eigenen Vorteile.

Stattdessen reagiert sie sachlich und fragt sich erstaunt:

- Wie denkt er, dass er so handelt?
- Was treibt ihn dazu an?
- Welche Absicht verfolgt er damit?
- Warum erkennt er das nicht selbst?
- Hat er irgendein Verständnisproblem oder einfach keine Lust?
- Kann er nicht, oder will er nicht?

Gegen Ende des Gesprächs wird die Führungskraft erkennen, an welcher Stelle die Sicht des Mitarbeiters von der ihren abweicht. Dann kann sie fokussiert darauf eingehen und notwendige Korrekturen vornehmen.

Haltegriff Nr. 2: Die Arbeit mit der Wahrheit der Situation
Es gibt eine bewährte Methode, mit der wir konsequent und zügig eine kritische Situation klären können. Und zwar orientieren wir uns stets an der Wahrheit der Situation. Das meint, dass wir uns um einen unverstellten, sachlichen und realistischen Blick auf die vorliegende Situation bemühen. Wir wollen uns nichts vormachen, nichts beschönigen, nichts dramatisieren, unsere Möglichkeiten und Grenzen erkennen und akzeptieren und die Verantwortung stets dort lassen, wo sie hingehört. Merken Sie es? Das können wir nur mit dem nötigen emotionalen Abstand leisten.

Haltegriff Nr. 3: Strategische Konfliktlösung
Wir versuchen nicht nur, einen Konflikt zu lösen, sondern wir lösen ihn. Dafür starten wir wohlmeinend mit Plan A und setzen alles daran, eine gute Lösung zu finden. Stellt sich heraus, dass Plan A nicht funktioniert, beginnen wir, einen Plan B zu entwickeln. So arbeiten wir uns zur Not über Plan C und Plan D bis zur Lösung vor.

Aber nun mal Butter bei die Fische: Wie gehen wir dabei am besten vor?

In der Kürze liegt die Würze
Wir haben nur ganz kurz die volle Aufmerksamkeit unseres Gesprächspartners. Deswegen ist es wichtig, dass wir unser Anliegen so aufbereiten, dass wir es mit wenigen Worten auf den Punkt bringen können. Sobald wir herumeiern, nach Worten ringen oder um den heißen Brei herumreden, verlieren wir die Aufmerksamkeit unseres Gegenübers. Wichtige Dinge werden dann zwar angesprochen, aber nicht mehr gehört. Die Grundlage für aufkommenden Ärger und Missverständnisse ist gelegt.

Wie sage ich, was stört?
Wir nutzen die Videotechnik, wie im folgenden Kasten dargestellt. Wir beschreiben ruhig und sachlich, was wir wo, wann, wie beobachtet, gehört, gesehen, gelesen, erfahren haben. Selbst ein Bauchgefühl entsteht aufgrund gewisser Eindrücke. Wir besinnen uns auf die ursächlichen Wahrnehmungen, die zu unserem Bauchgefühl geführt haben, und beschreiben diese.

EINSATZ DER VIDEOTECHNIK

Stellen Sie sich vor, Sie hätten die kritische Situation aufgezeichnet. Dann könnten Sie Ihrem Gesprächspartner einfach den Film vorspielen mit den Worten: »Schauen Sie mal, über dieses Vorkommnis möchte ich mit Ihnen sprechen.« Damit hätten Sie eine gemeinsame sachliche Grundlage für die Ausgangssituation. Mit hoher Wahrscheinlichkeit verfügen Sie aber über kein derartiges Filmmaterial. Deshalb werden Sie das Video beschreiben. Wie bei einer sachlichen Berichterstattung führen Sie dem Mitarbeiter mit Worten Ihren inneren Film vor – ohne Interpretationen, Bewertungen und Ergänzungen. Sie können dabei wörtliche Aussagen zitieren und an konkrete Abläufe erinnern.

Etwa so:

»Markus, du hattest letzten Dienstag Telefonschicht und bist um 9.15 Uhr erschienen. Du hast erklärt, dass du leider verschlafen hast.«

Was ist das Problem daran?
Wir machen nachvollziehbar, was das Problem an den geschilderten Beobachtungen ist. Dabei verzichten wir auf jegliche Form der indirekten Einflussnahme. Wir appellieren nicht (»Das solltest du in Zukunft unterlassen.«), wir moralisieren nicht (»Wenn das jeder machen würde ...«), und wir belehren nicht (»Du musst wissen, dass es nicht geht, wenn du ...«). Stattdessen stellen wir sachlich und nachvollziehbar dar, warum wir hier ein Problem sehen:

»Das Telefon war von 8.00 bis 9.15 Uhr nicht besetzt. Und: Die Situation kam zum dritten Mal vor.«

Wie stehe ich als Führungskraft dazu?
Nun braucht unser Gesprächspartner eine Einschätzung, wie wir als Führungskraft darauf schauen. Wir teilen unsere Gedanken und Gefühle aus unserer Führungsrolle heraus mit.

Dabei vermeiden wir persönliche Anklagen und Vorwürfe wie:
- »Ich bin enttäuscht von dir.«
- »Ich kann nicht fassen, dass du so handelst.«
- »Es macht mich traurig, dass du ...«
- »Du kannst doch nicht einfach ...«
- »Du solltest dir mal überlegen, wie das bei den anderen ankommt.«
- »Was würdest du denn denken, wenn dein Kollege ...?«
- »Wie würdest du dich an meiner Stelle fühlen?«
- »Was sollte ich deiner Meinung nach jetzt tun?«

Stattdessen verwenden wir Eigenschaftswörter aus dem professionellen Kontext:
- »Ich bin irritiert, weil mir wichtig ist, dass wir uns auf Abmachungen verlassen können.«
- »Ich bin überrascht, weil ich Wert darauf lege, dass wir uns aufeinander verlassen können.«
- »Ich verstehe das nicht, weil ich dich als verantwortungsbewussten Kollegen schätze.«
- »Ich unterstütze das nicht, weil mir Fairness im Team wichtig ist.«

Wir können laut denken:
- »Ich habe mich gefragt, ob du da ein größeres Problem hast, von dem ich nichts ahne?«
- »Ich bin mir gar nicht sicher, ob diese Vorgabe von dir akzeptiert ist?«

Unsere Gefühle zeigen:
- »Ich merke, dass mich das Thema langsam nervt.«
- »Du glaubst gar nicht, wie lange ich darüber den Kopf geschüttelt habe.«

Oder ein Statement abgeben:
- »Ich kann das nicht akzeptieren, weil mir wichtig ist, dass wir unsere Servicevereinbarungen einhalten.«

Mit diesen einführenden Worten haben wir den Mitarbeiter unter unsere Glocke geholt und ihm gezeigt, wie wir denken und fühlen. Das war die Pflicht. Jetzt folgt die Kür: Wir wollen nun unter die Glocke des Mitarbeiters schlüpfen. Dabei kommt es darauf an, aufmerksam zuzuhören, geschickt vertiefende Fragen zu stellen und mit detektivischem Geschick die Antworten zu neuen Einsichten zu kombinieren.

Wie steht der Mitarbeiter dazu?
Um herauszubekommen, warum der Mitarbeiter dieses Fehlverhalten zeigt oder ein Performanceproblem hat – ob er es nicht besser kann oder ob er einfach nicht will –, und um zu sehen, ob bei ihm bereits ein Problembewusstsein besteht, holen wir ihn mit einer offenen Frage ins Gespräch:
- »Wie kann das sein?«
- »Kannst du das nachvollziehen?«
- »Wie geht es dir damit?«

Wichtig ist hier, keine rhetorischen Fragen zu stellen. Keine Vorverurteilung, keine Anklage, sondern echtes, glaubwürdiges Interesse ist die Voraussetzung für eine gute Klärung. Wir schweigen und fordern den Mitarbeiter statt mit einem ärgerlich anklagenden Blick mit einem interessierten, nachdenklichen Blick auf, Position zu beziehen und sich zu erklären.

Die Suche nach dem springenden Punkt
Wie das Gewinde einer Schraube bohren wir uns immer tiefer spiralförmig abwärts, bis wir an der Spitze angekommen sind. Dort befindet sich der springende Punkt, des Pudels Kern. Wir hören aufmerksam zu, prüfen immer wieder, ob wir wirklich nachvollziehen und verstehen können, was der andere uns erzählt. Falls nicht, fragen wir nach. Sicherheitshalber fassen wir immer wieder zusammen, was wir bisher verstanden haben, und lassen es bestätigen bzw. korrigieren. Wir nehmen die Aussagen des Mitarbeiters zu hundert Prozent ernst und unterstellen ihm keine Unehrlichkeit. Sehen wir in einer Aussage mehrere Möglichkeiten, wie es gemeint sein könnte, benennen wir die Verständnisvarianten und fragen, welche genau gemeint ist. Gegebenenfalls erschließt sich daraus sogar noch eine ganz andere Variante, die gemeint ist und die wir bislang nicht entdeckt haben. Wir prüfen stetig, ob wir an irgendeiner Stelle etwas für uns Neues, Überraschendes oder Erhellendes erfahren. Ist das der Fall, sind wir auf der richtigen Spur. Wir denken es weiter, fühlen uns ein, prüfen, ob mithilfe dieser Information das Verhalten des anderen für uns logisch nachvollziehbar wird. Wenn ja, spiegeln wir ihm das:

»Ah, jetzt wird mir etwas klar. Wenn ich höre, dass es dir darum geht, verstehe ich natürlich, warum du so handelst.«

Wir identifizieren Dissens und prüfen, wofür wir Verständnis zeigen können. Erinnern Sie sich an das Fallbeispiel der selbstständigen Mitarbeiterin aus Teil A, Kapitel 1.3? Hier könnten wir sagen:

»Aha, wenn ich dir so zuhöre, wird mir erst bewusst, dass du seit zwanzig Jahren vollkommen eigenständig wie eine Selbstständige im Unternehmen agierst und dabei erfolgreich und anerkannt bist. Und dass es für dich erst einmal total befremdlich ist, wenn ich jetzt als Führungskraft mit dem Anspruch daherkomme, dass ich dir irgendetwas zu sagen hätte. Verstehe ich das so richtig?«

Die Kunst ist, die Wahrheit der Situation einfach so hinzunehmen, wie sie ist, ohne sich angegriffen oder infrage gestellt zu fühlen. Und selbst wenn wir vollkommen anderer Meinung sind, bleiben wir beständig in der Wertschätzung. Verstanden heißt nicht einverstanden. Wir müssen das nicht richtig und auch nicht gut finden. Es muss auch nicht in Zukunft so bleiben. Im Gegenteil: Vielleicht muss es sich ändern. Aber es ist gut, wenn wir erst einmal die Wahrheit der Situation aufgedeckt haben. Sobald wir die wahren Handlungsmotive des Mitarbeiters sichtbar machen konnten – für uns, aber häufig auch für ihn –, wird klar, an welcher Stelle es einer Korrektur bedarf. Im Fallbeispiel würde das bedeuten:

»Nun ist es so, dass ich als deine Führungskraft tatsächlich einen Führungsanspruch formuliere und mit dir nicht so zusammenarbeiten möchte, dass du völlig dein eigenes Ding machst. Die Frage ist, was braucht es, damit wir da zusammenkommen. Damit wir uns beide wohlfühlen und die Zusammenarbeit funktioniert.«

Zeit, um nachzudenken

Es kann sein, dass an dieser Stelle eine Denkpause gut tut. Eine saubere Klärungsarbeit ist anstrengend und benötigt Zeit. Es ist bis hierhin viel passiert, das will erst einmal verdaut und überdacht werden:

»Ich finde es toll, was wir bis hierhin herausgearbeitet haben. Es ist wichtig und für mich erhellend und neu. So habe ich das bisher nicht gesehen. Und vielleicht ist es für dich auch so. Ich würde das gern weiter mitnehmen, darüber nachdenken, es auf mich wirken lassen und dich bitten, das auch zu tun. Jeder sollte überlegen, was er braucht, damit wir uns in der Zusammenarbeit wohlfühlen. Ich möchte meine Führungsrolle erfüllen, und du sollst dich nicht unnötig eingeschränkt oder gegängelt fühlen. Ich schlage vor, dass wir in ein paar Tagen wieder zusammenkommen und uns weiter darüber austauschen. Ich danke dir für das Gespräch und bin ganz zuversichtlich, dass wir hier eine gute Lösung finden.«

Laufend sortieren wir die verschiedenen Aussagen, Informationen und Argumente:

- Worin sind wir uns einig? Darüber müssen wir nicht diskutieren.
- Was sehen wir unterschiedlich? Darüber sollten wir sprechen.
- Was ist der springende Punkt? Damit müssen wir umgehen.

Wir wollen vermeiden, dass wir über Selbstverständlichkeiten reden und nicht am richtigen Punkt sind.

Zurück zum Konflikt zwischen Franz und Markus. Markus lässt klar erkennen, dass er das Problem durchaus sieht. Er stimmt zu, dass bei den Telefonschichten Pünktlichkeit wichtig ist. Wir spiegeln ihm das:

»Wenn ich dich richtig verstehe, brauchen wir hier nicht über die Notwendigkeit von Pünktlichkeit zu reden, weil wir da einer Meinung sind. Das siehst du auch so und stellst es nicht infrage. Ist das richtig?«

Wir arbeiten uns an der Spirale entlang immer weiter abwärts, auf der Suche nach den springenden Punkt.

»Und obwohl du das auch so siehst, findet es nicht statt. Der Grund dafür ist scheinbar nicht, dass du nicht willst, sondern dass du nicht kannst. Sehe ich das richtig? Das heißt, von deiner Motivation her würdest du das durchaus gern so umsetzen, aber du merkst, du kriegst es nicht hin. Du bist an dem Punkt deiner eigenen Schlafgewohnheiten, deiner Disziplin – wir brauchen das gar nicht zu bewerten, weil es egal ist –, aber du bist dir da selbst ausgeliefert und in der Ohnmacht und siehst keine Möglichkeit, wie du das in den Griff bekommst«.

Markus: »Ja!«

Angekommen – und nun?

Applaus! Der springende Punkt ist gefunden. Nun geht es unversehens an die Lösungssuche.

Franz: »Dann lass uns doch mal überlegen, was dir helfen könnte.«

Markus: »Keine Ahnung!«

Nicht resignieren. Weiter geht es mit der Wahrheit der Situation:

Franz: »Meinst du, dass es dir hilft, wenn du eine Abmahnung bekommst? Du siehst dann, dass du hier tatsächlich auch deinen Arbeitsplatz gefährdest?«

Markus: »Du kannst mir sehr gern eine Abmahnung schicken. Ich würde das verstehen. Ich verspreche dir auch, ich hänge sie mir über mein Bett und schaue darauf, wenn mein Wecker klingelt. Nur glaube ich nicht, dass es mir helfen wird.«

Lassen Sie sich nicht beirren!
Die Reaktion des Mitarbeiters wirkt durchaus ein bisschen zynisch oder flapsig. Man könnte denken: Der macht sich einen Spaß mit mir. Doch wir lassen uns nicht aufs Glatteis führen. Beständig nehmen wir die Aussagen des Mitarbeiters ernst.

Statt zu denken »Der macht sich einen Spaß mit mir«, denkt die Führungskraft besser sachlich: »Ja, da hat er echt ein Problem. Eine Abmahnung kann ich ihm geben. Es scheint, dass er das verstehen würde. Nur wird das zu keiner Verhaltensänderung führen.« Mittel- bis langfristig kündigt sich hier eine Trennung an. Die Führungskraft sucht intensiv nach einer Alternative und fragt sich, ob sie den Mitarbeiter aus der Telefonschicht herausnehmen oder in ein anderes Team versetzen kann. Einfach weil sie der Firma seine Qualitäten erhalten möchte.

Klar ist bis hierhin: Der Mitarbeiter wird es nicht schaffen, und die Führungskraft wird den Mitarbeiter dabei verlieren.

Sie prüft, ob es ihr das wert ist. Sieht sie hier keine Möglichkeit, gilt es, diesen Weg der Eskalation konsequent weiterzugehen und sich langsam auf den Abschied vorzubereiten. Mit einem weinenden Auge muss sie das Problem auf eine Art und Weise lösen, wie sie es nicht möchte. Doch sie hat herausgearbeitet, dass es hier keinen guten Weg gibt. Damit ist sie schon ganz gut unterwegs und wird über die Abmahnungen auch zu einer Trennung kommen. Zu diesem Zeitpunkt sollte sie Hilfe und Beratung aus der Personalabteilung einholen.

Ich bin Ihnen noch die Auskunft schuldig, wie es uns damals ergangen ist. Es ist genau wie beschrieben verlaufen. Ich habe mit dem Mitarbeiter ein Gespräch nach dem beschriebenen Muster geführt und das Ergebnis an die Führungskraft kommuniziert. Der Mitarbeiter sollte noch einmal darüber schlafen und sich Gedanken machen, ob das wirklich der einzige Weg ist. Das hat er mir und der Führungskraft einige Tage später noch einmal bestätigt. So musste sich die Führungskraft tatsächlich schweren Herzens von dem Mitarbeiter trennen.

Jetzt mögen Sie vielleicht denken, dass das nun aber keine gute Lösung geworden ist. Hier ist wichtig, Folgendes zu sehen:

Die Verantwortung für eine gute Lösung liegt nicht allein in unseren Händen. Auch der Mitarbeiter trägt Verantwortung. Wir können ihn beraten, versuchen zu gewinnen, aber es gibt Grenzen. Kennen Sie den Spruch: Man kann einen Durstenden ans Wasser führen und ihm das Wasser reichen. Aber trinken muss er selbst? Letztendlich ist unsere Einflussnahme begrenzt. Wir müssen respektieren, wie der andere mit der Situation umgeht. Der Vorteil ist, dass die Führungskraft den Weg bis zur Lösung deutlich hätte verkürzen können. Das Thema hätte auch die Stimmung, die Energie, die Emotionen bei ihr, beim Mitarbeiter, aber auch im Kollegenkreis nicht so hochkochen lassen müssen. Wäre die Führungskraft mit der Wahrheit der Situation gegangen, wäre sie entschiedener, klarer, stressfreier und schneller mit dem gleichen Ergebnis durch diese Misere gekommen. Eine Trennung ließ sich in diesem Fall leider nicht abwenden.

DER ABLAUF VON KRITIKGESPRÄCHEN

Den Grund des Gesprächs neutral benennen

Fallen Sie nicht mit der Tür ins Haus. Benennen Sie das Thema wertfrei, ohne Angriff und Anklage. Statt »Es geht um dein unmögliches Verhalten im gestrigen Teammeeting« sagen Sie besser: »Es geht um das gestrige Teammeeting.«

Einen Überblick über den Ablauf des Gesprächs geben

Der Mitarbeiter wird Ihnen ruhiger zuhören, wenn er weiß, dass er im Anschluss seine Sicht der Dinge darlegen darf. Zudem lenken Sie die Aufmerksamkeit vom Problem zur Lösung, indem Sie die gemeinsame Lösungssuche ankündigen.

Die eigene Sichtweise als Führungskraft aufzeigen

- konkrete Situation/Beobachtung/Bewertung sachlich beschreiben (mithilfe der Videotechnik)
- Auswirkungen aufzeigen
- eigene Gedanken und Gefühle dazu in der Rolle als Führungskraft benennen

Die Sichtweise des Mitarbeiters einholen

- Ursachen aus Sicht des Mitarbeiters erfragen
- Hintergründe erfahren
- Gefühle des Mitarbeiters dazu verstehen

Die verschiedenen Sichtweisen diskutieren, als Führungskraft klar Stellung dazu beziehen

- gute Absicht des Mitarbeiters erkennen
- Zustimmung aussprechen
- Verständnis zeigen
- eigenen Anteil am Problem reflektieren und benennen
- unterschiedliche Standpunkte klar herausarbeiten und benennen
- bei Bedarf: Grenzen setzen, Zeit geben
- klares Ziel vorgeben

Gemeinsames Erarbeiten von Lösungsmöglichkeiten

Konkrete Vereinbarungen treffen

Folgetermin vereinbaren
Empfehlung: Dokumentieren Sie das Gespräch zur Erinnerung für Sie schriftlich.

Noch einmal zum Fallbeispiel aus Teil A, Kapitel 1.3, der älteren Mitarbeiterin, die langjährig wie eine Selbstständige im Unternehmen verantwortungsvoll und erfolgreich agiert hat.

Vielleicht haben wir in Hintergrundgesprächen die Information erhalten, dass ihr Wirken gar nicht so erfolgreich war und dass es schon länger von den Führungskräften kritisch beäugt wurde. Fakt ist nur: Keine Führungskraft hat mit der Mitarbeiterin das Gespräch gesucht und ihr Verhalten korrigiert. Insofern kann man von der Mitarbeiterin nichts anderes erwarten, als dass sie davon ausgeht, ihre Arbeit sei in Ordnung. Schweigen ist auch Zustimmung. Durch Gewähren-Lassen entstehen Gewohnheitsrechte. Will man später eine nachhaltige Verhaltensänderung bewirken, sollte man sich vor Augen führen, dass die Mitarbeiterin das einerseits nicht nachvollziehen können wird. Und andererseits wird es sie schmerzen, weil sie Eigenständigkeit, Selbstbestätigung und gefühlte Erfolgserlebnisse verliert. Beides können wir ihr nicht abnehmen. Aber wir können sie auf dem Weg der Veränderung verständnisvoll und wertschätzend begleiten und immer wieder prüfen, wie wir ihre Qualitäten sinnvoll nutzen können. Eine Mitarbeiterin, die sehr eigenverantwortlich arbeitet, kann auch für die Führungskraft sehr entlastend sein. Dann muss lediglich geklärt sein, wie viele Informationen die Führungskraft braucht, wie viel Einfluss sie nehmen möchte und wie viel Freiraum Sie der senioren Mitarbeiterin anbieten kann.

Wirksam nachfassen
Vielleicht haben wir es in den ersten ein, zwei, drei Gesprächen geschafft, uns mit dem Mitarbeiter zu einigen und eine mündliche Vereinbarung zu treffen. Nach einiger Zeit beobachten wir jedoch, wie der Mitarbeiter in alte Muster zurückfällt und sich wieder so verhält wie vor den Gesprächen. Nun geht es darum, wirksam nachzufassen.

Nicht der Stil ändert sich, sondern das Thema. Es ist nicht wichtig, hier den Ton zu verschärfen und vehementer, tadelnder, anklagender oder emotionaler aufzutreten. Vielmehr sollten wir über ein anderes Thema sprechen.

Thema ist nicht mehr wie bislang: Was läuft da, worum geht es, was ist das Problem und wie können wir es lösen? Das wurde bereits ausführlich besprochen und geklärt, und es gibt einen Lösungsansatz in Form einer Vereinbarung.

Jetzt wollen wir herausfinden, warum die Vereinbarung nicht umgesetzt wird. Was ist in der Kommunikation schiefgelaufen? Gibt es ein Verständnisproblem?

Bitte nicht zurück auf Los!

Um nicht wieder von vorn zu beginnen, liegt der Fokus jetzt auf der Frage, warum es nicht klappt. Wir überprüfen, ob die Vereinbarung fehlerhaft ist oder das Commitment des Mitarbeiters fehlt.

Der Mitarbeiter wird bemerken, dass wir das Thema zuspitzen und Verbindlichkeit einfordern. Deswegen wird er uns wie bislang Erklärungen und Rechtfertigungen anbieten, die uns in die alte Diskussion zurückführen. Lassen Sie das nicht zu. Ansonsten drehen Sie sich im Kreis und können gar nicht verhindern, dass Sie ungeduldig werden:

»Das haben wir bereits ausgiebig besprochen und unsere Vereinbarung erarbeitet. Mich interessiert jetzt, warum diese nicht funktioniert. Was stimmt an der Vereinbarung nicht, dass sie nicht funktioniert? Was haben wir da übersehen oder falsch gemacht?«

Bei Bedarf bessern wir noch einmal nach. Dann bitten wir den Mitarbeiter, die Vereinbarung schriftlich festzuhalten, sodass wir sie gemeinsam unterzeichnen können. Damit wollen wir sicherstellen, dass wir nicht aneinander vorbeireden und uns dadurch gegenseitig frustrieren und in einen Konflikt geraten. Die schriftliche Vereinbarung hilft, wenn sich beide Seiten dazu bekennen und sich einig sind, dass sie das so umsetzen wollen.

Wir können anhand der schriftlichen Vereinbarung überprüfen, ob der Mitarbeiter wirklich alles so verstanden hat, wie wir es gemeint haben, oder ob man aneinander vorbeigeredet hat. Bei Bedarf bessern wir nach und konkretisieren.

Nun besteht erneut die Chance und Hoffnung, dass es funktioniert. Funktioniert es: Good job! Feiern Sie es!

Wenn Plan A nicht funktioniert

Funktioniert es trotzdem nicht, dann haben wir eine Grenze erreicht. Im Sinne der strategischen Konfliktlösung hat sich gezeigt, dass Plan A nicht funktioniert. Wir schmieden Plan B. Dazu überlegen wir uns:

- Wenn das jetzt nicht funktioniert, was dann?
- Ist es ein Thema, für das ich bereit bin, eine Eskalation einzugehen?
- Kann ich zur Not mit der bestehenden Situation leben?
- Muss ich zur Not damit leben? Einfach weil arbeitsrechtlich nichts zu machen ist, der Mitarbeiter unkündbar ist oder die Firmenkultur die nötige Veränderung nicht zulässt.

Sie holen Ihren eigenen Vorgesetzten und die Personalabteilung an Ihre Seite und beratschlagen gemeinsam das weitere Vorgehen.

EIN WORT ZU LÖSUNGEN

Häufig begegne ich der Einstellung, dass eine Konfliktklärung, die zu einer Trennung führt, nicht wirklich gelungen ist. Hier möchte ich ein klares Statement abgeben: Wie im Privaten die Scheidung eine Option ist, so ist für mich eine Trennung im Arbeitsleben durchaus ein sinnvoller Schritt, wenn es anders nicht funktioniert. Stellt sich heraus, dass der Mitarbeiter mit seinen Fähigkeiten nicht auf der richtigen Position ist, suchen wir nach Möglichkeit intern eine geeignete Aufgabe für ihn. Ist er im Team durch einen langjährigen Konflikt bereits »verbrannt«, bieten wir ihm die Chance zu einem Neustart in einem anderen Team. Und manchmal trennt man sich in Wertschätzung und geht getrennter Wege. Das sind alles gute Lösungen.

Insofern: Auch wenn der Mitarbeiter während eines Klärungsprozesses zu der Einschätzung gelangt, dass er eine Trennung bevorzugt, kann das durchaus ein gutes Ergebnis sein.

Durch die neue Qualität in der Konfliktlösung ist eine Trennung nicht unbedingt zu vermeiden. Die neue Qualität stellt jedoch sicher, dass man sich wenn nötig im Guten trennt und nicht nach einer Schlammschlacht verletzt und enttäuscht auseinandergeht.

Carla aus unserem Eingangsbeispiel könnte auf diese Weise vermeiden, dass am Ende einer nach dem anderen das Team wegen Ihres schlechten Führungsstils verlässt. Ein wertschätzender Führungsstil wird im Team erkannt und geschätzt. Die Gruppe kann so auch schwierige Entscheidungen im Team mit gutem Gewissen mittragen.

Zur Vertiefung dieser Thematik empfehle ich Ihnen gern meine Broschüre: *Kritik- und Korrekturgespräche auf Augenhöhe führen. Eine Roadmap für Führungskräfte:* https://www.konfliktberaterin.de/produkt-kategorie/broschueren/

6 Wenn zwei sich streiten …

… freut sich hier nicht sprichwörtlich der Dritte, sondern hat der Chef ein Problem. Das ist natürlich unangenehm und kostet Zeit und Energie. Bei Mitarbeiterkonflikten ist der Vorgesetzte häufig zunächst im Widerstand und sieht nicht ein, dass er sich nun darum kümmern muss. So wie hier: Schauen Sie!

Im Büro herrscht dicke Luft.

Mitarbeiterin A beschwert sich über Mitarbeiterin B.

Mitarbeiterin B klagt über Mitarbeiterin A.

Die Führungskraft fühlt sich nicht zuständig.

Der Konflikt verhärtet sich.

Die Arbeit leidet darunter.

Abb. 14: Streit zwischen zwei Kolleginnen

Irgendwie muss das besser gehen.
Lernen wir dazu Hans kennen:

Praxisbeispiel

Hans ist Gruppenleiter und führt sein achtköpfiges Team seit zwei Jahren. Als er bemerkt, dass seine beiden Mitarbeiter Frau Huber und Herr Meier miteinander im Clinch liegen, ist er »not amused«. Er erwartet von seinen Mitarbeitern, dass sie in der Lage sind, Schwierigkeiten untereinander zu klären. Widerstand regt sich in ihm, denn er hat überhaupt keine Lust, sich diesen Schuh anzuziehen. Abwehrende Gedanken schießen ihm durch den Kopf: »Das sind doch erwachsene Leute, und wir sind hier auf der Arbeit. Da erwarte ich, dass die sich nicht wie trotzige kleine Kinder aufführen, sondern sich zusammenraufen. Ich bin doch nicht deren Kindermädchen.« Gleichzeitig realisiert er, dass die beiden das offensichtlich nicht hinbekommen. Das nervt ihn.

Puh! Eine schwierige Situation für Hans. Ich bin mir sicher, Sie können seinen Unmut verstehen. Lassen Sie uns unter Führungskollegen zusammenhalten. Dazu drücken wir unser Verständnis aus und spenden ihm zuerst einmal eine Runde solidarisches Mitgefühl von Führungskraft zu Führungskraft:

- Ja, das ist lästig.
- Ja, das wird Zeit, Nerven und Aufmerksamkeit erfordern.
- Ja, er hat eigentlich Wichtigeres zu tun.
- Ja, es wäre schöner, wenn die das allein klären könnten.
- Ja, das könnte man grundsätzlich schon von zwei Erwachsenen in dieser Position erwarten.
- Ja, die benehmen sich wie im Kindergarten.
- Ja, er ist kein Kindermädchen und auch kein Therapeut.

So holen wir Hans dort ab, wo er im Augenblick emotional steht. Doch damit ist es nicht getan. Wir wollen ihn darüber hinaus ermutigen, seinen Unmut zu überwinden und aktiv zu werden. Denn bei allem Verständnis: Irgendwann ist genug gejammert. Es hilft alles nichts. Das Problem ist da, es liegt in seinem Zuständigkeitsbereich, und es muss gelöst werden. Hans muss erkennen, dass nur er – in seiner Funktion als Gruppenleiter – befugt ist, eine Lösung einzufordern. Um weitere Eskalationen oder Folgeschäden abzuwehren, braucht es ihn.

Also: Ran an den Speck! Ganz nach dem Motto: »Es gibt viel zu tun, nichts wie weg.« Ups, falsch. »Es gibt viel zu tun, packen wir‹s an« muss es natürlich heißen.

Am Anfang gilt es zu erkennen, dass Handlungsbedarf besteht.

Den Handlungsbedarf erkennen

Sie kennen das aus Ihrem eigenen Führungsalltag: Hans nimmt zunächst verschiedene Konfliktwarnsignale wahr. Hier ein paar typische Beispiele:

- Heute steht Frau Huber bei ihm und beschwert sich bitterlich über das Verhalten des Kollegen Meier. Morgen klagt Herr Meier über die schwierige Zusammenarbeit mit Kollegin Huber.
- Hans bemerkt, dass sich die beiden nicht abstimmen, wo es nötig wäre.
- Er nimmt wahr, wie sich die Stimmung schlagartig verschlechtert, wenn beide in einem Raum sind.
- Die Kollegen greifen sich im Meeting gegenseitig an, stellen die Kompetenz und Zuverlässigkeit des anderen infrage, schieben einander die Schuld zu, werfen sich Fehler vor. Sie vergreifen sich im Ton und werden laut.

Sobald Hans erkannt hat, dass ein Problem vorliegt, hält er inne und schärft seine Wahrnehmung. Er prüft, ob er eingreifen muss.

Was meinen Sie, ab wann sollte Hans reagieren?

Grundsätzlich gilt: Lange braucht Hans da nicht zuzuschauen. Sobald sich bei ihm der Eindruck erhärtet, dass zwischen den beiden etwas nicht stimmt, sollte er handeln. Das Thema gehört sicherlich nicht zu seinen Prio-1-Themen, schließlich ist keine Gefahr im Verzug. Doch er sollte mit der Terminplanung starten, um das Thema nicht aus den Augen zu verlieren und um spätestens nach vier Wochen konkret an dem Thema dran zu sein.

Stolperstein Problemlösung

Die meisten Führungskräfte gehen einen Konflikt wie ein Problem an. So auch Hans. Ihm ist wichtig, dass es für alle fair zugeht. Deswegen möchte er unterbinden, dass sich die Mitarbeiter weiterhin gegenseitig bei ihm verpetzen. Mit seiner guten Absicht, einen offenen Austausch zu ermöglichen, will er die beiden Streithähne gemeinsam an den Tisch bringen, damit sie endlich miteinander statt übereinander sprechen. Er lädt alle Beteiligten zu einem gemeinsamen Gespräch ein. Dort moderiert er das Problem kurz an und bittet beide um ehrliche Worte. Jeder solle ausdrücken, wo der Schuh drückt und was er bzw. sie brauche, damit die Zusammenarbeit wieder funktioniert.

Wenn das so einfach wäre! Was Hans übersieht: Manche Bauchschmerzen auf der Gefühls- und der Beziehungsebene können im Beisein des Auslösers nicht offen angesprochen werden. Man traut sich das vielleicht nicht, denn man möchte den anderen nicht verletzen oder bloßstellen. Oder man fühlt sich nicht befugt, eine derartige Kritik auszusprechen. Die meisten Mitarbeiter sorgen sich, dass sie Schaden nehmen. Intuitiv spüren sie, dass hier ein hohes Risiko besteht, missverstanden zu werden oder Öl ins Feuer zu gießen. Und recht haben sie. Denn was passiert? Denken Sie an das Glockenmodell, und stellen Sie sich vor, wie jeder der Beteiligten unter seiner durchsichtigen Glocke gefangen ist. Jeder vertritt seine Sicht- und Erlebensweise, hält diese für die einzig richtige und erwartet Einsicht und Änderung vom anderen. Es folgt Argument auf Gegenargument. Eine klärende Verständigung findet nicht statt. Am Ende gehen beide frustriert aus dem Termin heraus und fühlen sich in ihrer jeweiligen Sicht bestätigt. Nach dem Motto:

»Hab‹ ich doch gewusst, dass man mit dem nicht reden kann. Da waren wieder so viele Unwahrheiten, Unterstellungen und Unverschämtheiten dabei. Ich könnte mich so aufregen …!«

Am Ende hätten wir damit mehr Schaden angerichtet als Nutzen erzeugt. Statt die Situation zu entspannen, hätten sich die Fronten weiter verhärtet. Jeder würde sich in seiner Sicht bestätigt fühlen, zusätzliche Anlässe für neuen Ärger wären entstanden, und der Glaube an eine Klärung und Lösung wäre in weite Ferne gerückt.

Hans weiß nicht, was wir wissen. Deswegen läuft er Gefahr, trotz bester Absicht noch mehr Verwirrung und Unmut zu stiften. Als geschulte Konfliktexperten, die wir inzwischen alle sind, raten wir Hans, besonnen und planvoll vorzugehen. Die folgenden grundlegenden Hinweise sollte er tunlichst berücksichtigen:

- Bilden Sie sich kein vorschnelles Urteil. Lassen Sie sich unter keine Glocke ziehen, sondern bleiben Sie zunächst neutral, und machen Sie sich ein eigenes Bild der Lage. Jeder Konfliktbeteiligte vertritt seine Sicht- und Erlebensweise vehement und mit überzeugenden Argumenten. Und nicht jeder ist gleich stark darin, seine Position plausibel darzustellen und dominant zu vertreten. Davon sollten Sie sich nicht beirren lassen. Schließlich kann es gut sein, dass der ruhigere oder zurückhaltendere Mitarbeiter am Ende die besseren Argumente hat. Mit hoher Wahrscheinlichkeit teilen Sie die Sicht einer Partei stärker, einfach nur, weil sie Ihrem Wesen eher entspricht. Dann halten Sie sich mit persönlichen Vorlieben zurück, und bleiben Sie offen, gespannt und neugierig.
- Hören Sie aufmerksam zu, und unterdrücken Sie beiläufige Kommentare und vorschnelle Urteile. Interpretieren Sie zunächst nichts hinein, sondern stellen Sie besser Verständnisfragen.
- Auch wenn es wie Lästern klingt: Erlauben Sie, dass sich Ihr Gesprächspartner seinen Kummer von der Seele redet. Nehmen Sie alles erst einmal zur Kenntnis, und korrigieren und unterdrücken Sie seine Aussagen nicht.
- Delegieren Sie die Lösung nicht an die Mitarbeiter zurück, indem Sie die Hilfesuchenden mit den Worten wegschicken: »Klärt das bitte unter euch. Das ist etwas Persönliches, dafür bin ich nicht zuständig.« Übernehmen Sie stattdessen Verantwortung, und gehen Sie das Thema an.
- Übernehmen Sie Arbeiten, die aufgrund der Störung unerledigt bleiben, nicht einfach selbst. Statt die Einstellung zu haben »Dann mache ich es eben selbst!«, sollten Sie die Beteiligten mit den Folgen der Störung konfrontieren. Lassen Sie auch nicht zu, dass sich die Konfliktparteien nur noch über Sie als Vermittler abstimmen. Sie erzeugen damit den Eindruck und geben den Raum, dass die beiden sich ausweichen und ihren Konflikt in Ruhe weiterpflegen können.
- Falls die Streithähne ein gemeinsames Büro teilen und den Wunsch haben, sich auseinanderzusetzen, lassen Sie das zunächst nicht zu. Auch hier könnten die Beteiligten lediglich der Auseinandersetzung ausweichen.
- Lassen Sie sich nicht von kurzfristigen Lösungsansätzen verführen, sondern gehen Sie das Thema nachhaltig und grundsätzlich an. Im ersten Moment ist das mehr Arbeit, auf längere Sicht erspart es Ihnen jedoch etliche weitere Konfliktschleifen.

Stellen Sie sich bitte vor, Sie wären Hans. Wie würden Sie das Ganze nun angehen?

Mit den folgenden acht Schritten kommen Sie sicher ans Ziel:

Schritt 1: Fahren Sie die eigenen Emotionen herunter

Aufgrund seiner abwehrenden Gedanken, für die wir bereits Verständnis gezeigt haben, ist Hans gereizt. Es ärgert ihn, dass die beiden Mitarbeiter ihre Probleme nicht eigenständig lösen und ihm unnötige Arbeit machen. Diese Einstellung ist kontraproduktiv. Seine Gefühle sind aufgewühlt. Das kostet ihn Kraft. Der Raum für den Einsatz seines gesunden Menschenverstands wird kleiner. Das schwächt ihn. Und seine emotionale Beteiligung bringt ihm keinen Vorteil. Im Gegenteil: Sie schränkt seine Klarheit und Souveränität ein.

Um sich selbst wieder in Balance zu bringen, benötigt Hans eine andere Einstellung zur Situation. Statt sich aufzuregen, kann er die Situation für sich normalisieren und sie zunächst annehmen, wie sie ist. Indem er seinen eigenen Widerstand erkennt und ihn ernst nimmt, beruhigen sich seine Emotionen, und er kann hilfreichere Gedanken suchen. Hier einige Vorschläge:

- »Wenn Menschen miteinander schaffen, machen sie sich zu schaffen. Es ist normal, dass es auch mal zu Reibereien kommt.«
- »Aus meiner Sicht bekommen die das allein nicht geregelt, da werde ich mich besser einklinken.«
- »Das bekommen wir schon hin. Die beiden müssen sich ja nicht lieben. Ein konstruktives, respektvolles Miteinander reicht vollkommen aus. Das muss ich verlangen können.«

Nachdem Hans seine eigenen Gefühlsturbulenzen in den Griff bekommen hat, wird er dasselbe mit den Mitarbeitern tun. Erinnern Sie sich an die vier Schritte zur Beruhigung aufgewühlter Emotionen? Hier sind sie noch einmal:

- Die Emotionen müssen auf den Tisch. Es braucht die Erlaubnis, offen über sie zu sprechen.
- Die Emotionen müssen ernst genommen und dürfen nicht wegdiskutiert werden.
- Die Emotionen müssen verstanden werden, wobei »verstehen« nicht gleichbedeutend sein muss mit »einverstanden sein«.
- Es braucht ein glaubwürdiges Bemühen um eine gute Lösung. Und eine gute Lösung lässt sich nicht erzwingen, sondern ist eine, die für alle passt.

Dies wird Hans im Folgenden umsetzen. Er beginnt mit einer Konfliktdiagnose.

Schritt 2: Machen Sie sich ein eigenes Bild

Hans achtet darauf, dass er sich nicht unter die Glocke einer Partei ziehen lässt. Er möchte sich weder manipulieren noch instrumentalisieren lassen. Im Sinne der Fairness will er sich zuerst ein eigenes Bild der Lage machen, er will beide Seiten anhören und beide Sichtweisen verstehen, bevor er sich eine Meinung bildet. Da hat er nur allzu recht. Aus eigener Erfahrung weiß ich, wie sehr sich die Einschätzung einer Situation plötzlich verändern kann, wenn man auch die Gegenposition gehört hat.

Später wird Hans sich Zeit nehmen, um die Sache von außen zu betrachten. Er wird reflektieren und bewerten und über angemessene Lösungsmaßnahmen nachdenken. Doch ein Schritt nach dem anderen: Erst einmal macht er sich frei von seinen eigenen Gedanken und konzentriert sich darauf, die unterschiedlichen Sichtweisen zu verstehen.

Für eine saubere Konfliktdiagnose muss er mit jedem Beteiligten ein vertrauliches Vier-Augen-Gespräch führen. Jeder Mitarbeiter erhält so die Gelegenheit, offen auszusprechen, wie er denkt und was ihm auf dem Herzen liegt. Hans schlüpft nun nicht zufällig oder fälschlicherweise, sondern ganz bewusst unter die jeweilige Glocke seiner Mitarbeiter und sieht sich aufmerksam darunter um.

Klar ist: Wir wollen die Sicht des Mitarbeiters erfragen, um zu erfahren, wo er gerade steht. Aber wie genau läuft so ein Diagnosegespräch nun ab?

Machen Sie sich bewusst: Die Einzelgespräche in der Konfliktdiagnose sind bereits eine ausgesprochen kraftvolle Intervention. Sie gehen weit über das Erfassen der Sachlage hinaus. Der Mitarbeiter kann sich zunächst seinen Frust von der Seele reden. Das tut gut und wirkt entlastend. Gleichzeitig schöpft er Hoffnung, dass sich dadurch »endlich« etwas ändert. Indem wir aufmerksam zuhören und uns sichtlich darum bemühen zu verstehen, drücken wir Respekt, Interesse und Wertschätzung aus. Wir signalisieren, dass wir ihn und seine Sicht ernst nehmen und er uns wichtig ist. Wir bedienen hiermit bereits die ersten drei Schritte zur Beruhigung der aufgewühlten Emotionen.

Holen Sie sich zunächst die beiden Stühle, den Privatstuhl und den Jobstuhl, vor Ihr inneres Auge. Setzen Sie Ihren Mitarbeiter gedanklich auf seinen Privatstuhl. Versuchen Sie nun zu erfahren,

- was ihn bewegt,
- wie er denkt,
- wie er fühlt,
- was er erwartet,
- was er befürchtet,
- was ihn stört,
- womit er hadert,
- was ihm schwerfällt,
- womit er ein Problem hat,
- was er sich wünscht,
- was ihn ängstigt,
- wo er sich nicht gesehen fühlt,
- wo er sich unverstanden fühlt,
- worüber er sich ärgert oder
- was ihn enttäuscht hat.

Wichtig: *Verstanden heißt nicht einverstanden.* Bleiben Sie offen und hören Sie aufmerksam zu, ohne zu bewerten. Reflektiert und bewertet wird später. Jetzt wollen wir zunächst möglichst viele Aspekte verstehen:

- **Was genau stört den Mitarbeiter?**
  Nehmen Sie alle seine Aussagen neutral entgegen. Stellen Sie lediglich Verständnisfragen, und verflüssigen Sie unpräzise Aussagen:
  - »Wie oft genau?«
  - »Hast du ein Beispiel dafür? Gibt es auch Gegenbeispiele?«
  - »Seit wann ist das so?«
  - »War das mal anders?«
  - »Was meinst du mit …?«
  - »Wie sollte es aus deiner Sicht sein?«

  Konzentrieren Sie sich während des Gesprächs zunächst auf die sachlichen Aussagen, und versuchen Sie, diese zu verstehen. Fassen Sie mithilfe des Paraphrasierens immer wieder zusammen, was Sie verstanden haben, und klären Sie ab, ob es richtig ist.
  Im Laufe des Gesprächs richten Sie Ihre Aufmerksamkeit dann zunehmend auf die emotionalen Aspekte. Dabei nutzen Sie die Technik des Verbalisierens. Die folgenden Leitfragen können Sie dabei unterstützen:
- **Welche Gedanken und Gefühle hat der Mitarbeiter?**
  Achten Sie während des Gesprächs darauf, welche Gedanken und Gefühle Sie beim anderen wahrnehmen. Stellen Sie sich dazu beispielsweise vor, wie der Mitarbeiter zu Hause beim Abendessen ungefiltert Dampf ablässt. Versetzen Sie sich in ihn hinein: Welche Gefühle scheint er zu haben? Ist es Ärger, Ohnmacht, Angst, Schmerz? Verbalisieren Sie Ihre Annahmen in Frageform, und lassen Sie ihn diese korrigieren oder bestätigen. Gehen Sie noch weiter, und fragen Sie sich:
- **Welche gute Absicht steckt hinter den Kritikpunkten des Mitarbeiters?**
  Fragen Sie sich und nicht ihn: Was ist das Gute, um das er kämpft? Möchte er einen guten Job machen und fühlt sich dabei behindert? Wünscht er sich Wertschätzung und Anerkennung und erlebt stattdessen Geringschätzung und Tadel? Bieten Sie Ihre Gedanken in Frageform an, und überprüfen Sie auch hier, inwieweit Sie richtig liegen.
- **Für welche Werte setzt sich der Mitarbeiter ein?**
  Warum ist ihm das Thema so wichtig? Ist er leidenschaftlich mit seiner Arbeit verbunden? Ist das Projekt, an dem er arbeitet, sein Baby? Kämpft er gegen Ungerechtigkeit? Wird seine Leistung oder Kompetenz nicht gesehen? Sie fragen sich, bieten an und klären ab.
- **Welche Zielvorstellung hat der Mitarbeiter?**
  Klären Sie, wie genau das Zielbild des Mitarbeiters aussieht. Was möchte er erreichen? Hier können Sie direkt fragen.
- **Was wünscht er sich konkret?**
  Keine Sorge: Wir sind hier nicht beim Wunschkonzert. Es ist nicht Ihre Aufgabe, alle Wünsche Ihres Mitarbeiters zu erfüllen. Aber es hilft Ihnen, die Situation besser einzuschätzen, wenn Sie die vorhandenen Wünsche kennen. Erst dann können Sie entscheiden, ob diese auf den

Privatstuhl gehören – im Sinne von »Wünschen dürfen Sie sich das, aber es wird leider nicht eintreten, weil der Jobstuhl anderes mit sich bringt«. Oder handelt es sich womöglich um Wünsche, die erfüllt werden müssen, damit der Mitarbeiter einen guten Job machen kann? In dem Fall sind Sie gefordert, diese im Rahmen Ihrer Möglichkeiten zu erfüllen.

- **Was hat der Mitarbeiter bislang schon unternommen, um die Situation zu bewältigen?**
  Sie fragen ihn direkt: Welche Erfahrungen hat er gemacht? Welche Folgerungen hat er daraus gezogen?
- **Was hält der Mitarbeiter für realistisch erreichbar?**
  Sie fragen direkt danach und holen sich damit eine Einschätzung ab, wie lösbar der Konflikt ist. So erhalten Sie erste Lösungsansätze, die Sie nicht kommentieren, sondern mitnehmen und überdenken sollten.

Wir kennen das Problem: Meist konzentriert man sich im Gespräch auf die Sachlage und beginnt zu lösen. Wie bereits besprochen, greift das im Konfliktfall zu kurz. Die Fragen sind wirksame Instrumente, um die aufgewühlten Emotionen unserer Gesprächspartner zu beruhigen. Indem wir sie stellen, gelingt es uns, den Konflikt für die Beteiligten wieder »nur« zum Problem werden zu lassen. Sie erinnern sich? Die Vernunft kehrt langsam zurück und Probleme werden lösbar.

Mit folgender Frage setzen Sie abschließend noch eine kraftvolle Intervention für die anstehende Lösungsarbeit:

- **Was ist dein Beitrag zur Lösung?**
  Fragen Sie direkt: »Wozu bist du bereit?«, »Was bietest du an?«, »Wie wirst du die Lösung unterstützen?«

Vermutlich schwirrt Ihnen bereits der Kopf angesichts der vielen Fragen und Aspekte. Wenn Sie jetzt denken, *Ich bin doch kein Psychologe!*, haben Sie recht. Sie sind kein Psychologe, und Sie müssen auch keiner werden. Dazu haben Sie gar nicht die Zeit. Bitte lassen Sie sich von den vielen Fragen nicht erschlagen, sondern betrachten Sie sie als einen bunten Strauß an Möglichkeiten, der Ihnen zur Anregung dienen soll. Wählen Sie aus und nutzen Sie, was Ihnen in Ihrer Situation hilfreich und unterstützend erscheint. Ziel ist nicht, aus Ihnen einen professionellen Konfliktberater zu machen, sondern Ihnen Tipps und Anregungen an die Hand zu geben. Glauben Sie mir: Bereits jede Kleinigkeit, die Sie davon umsetzen, bringt eine deutliche Erleichterung in der Lösungsarbeit.

Schritt 3: Beurteilen Sie die Ausgangslage

In jedem Vier-Augen-Gespräch erhalten wir eine Menge an Informationen, Beispielen und Interpretationen, verbunden mit den entsprechenden Gefühlen und Wünschen. Das kann schnell zu viel werden. Es besteht die Gefahr, den Überblick und Fokus zu verlieren. Ich habe häufig Aufträge, bei denen die Führungskräfte bereits mit allen Beteiligten Einzelgespräche geführt haben. Trotzdem hat sich ihnen nicht erschlossen, was konkret zu tun ist. Wen wundert es, dass einige dann in operative Hektik verfallen?

Noch einmal: Bitte machen Sie keine Schnellschüsse, und lassen Sie sich vor allem zu keinem (Vor-)Urteil hinreißen, bevor Sie nicht mit allen Beteiligten gesprochen haben. Setzen Sie sich also nicht unter Druck. Nun geht es darum, die Situation ernst zu nehmen, aufzunehmen und zu verstehen. Sie erkennen dabei, wen Sie für Ihre Diagnose noch sprechen müssen, um das ganze Bild zu erhalten. Grundsätzlich gilt: Erst wenn uns alle notwendigen Informationen vorliegen, können wir die Lage beurteilen.

Nehmen Sie sich die Zeit, die es braucht, um alles in Ruhe zu bedenken. Wenn es Ihnen leichterfällt, können Sie im ersten Gespräch ausschließlich Daten aufnehmen. Bedanken Sie sich für die Offenheit, drücken Sie aus, was Ihnen wichtig ist, zeigen Sie auf, was Ihre nächsten Schritte sind, und bitten Sie um Bedenkzeit. Vereinbaren Sie einen Folgetermin, an dem Sie dazu Stellung beziehen werden. Das könnte so klingen:

»Ich denke, ich habe verstanden, was du mir aufzeigen wolltest. Vielen Dank erst einmal für deine Offenheit und dein Vertrauen. Und so viel kann ich jetzt schon sagen: Da muss sich etwas ändern. So kann es wirklich nicht bleiben. Gut, dass du es angesprochen hast. Bitte gib mir nun ein bisschen Zeit, damit ich mir Gedanken machen kann. Ich werde auch noch mit deinem Kollegen ein Gespräch dazu führen und hören, wie er das Ganze sieht. Anschließend komme ich wieder auf dich zu, und bis dahin werde ich auch eine Einschätzung haben, wie wir weiter damit umgehen werden. Passt das so für dich?«

Anschließend reflektieren wir das Gespräch. Hier ein paar Vorschläge, wie Sie das Gehörte für sich sortieren können.

- **Was passiert auf der Gefühls- und der Beziehungsebene?**
  Wer verletzt mit seinen Gedanken, Aussagen oder seinem Verhalten die Gefühle des anderen? Schätzen Sie ein: Sehen Sie darin eher die Ursache für einen Konflikt zwischen den beiden, oder denken Sie, dass es eher die Folge des Konflikts ist?
  Verhalten sich beide Mitarbeiter richtig im Sinne ihrer Funktion und Position? Muss sich einer die Frage stellen: »Wer bist du, dass du so mit mir sprichst?« Erinnern Sie sich bitte: Lässt sich der Mitarbeiter von der Führungskraft führen? Tritt ein Mitarbeiter unberechtigterweise gegenüber seinem Kollegen wie eine Führungskraft auf? Wird die Führungskraft ihren Aufgaben gerecht und führt sie mit gutem Stil?
- **Sprache auf gleicher Augenhöhe?**
  Sprechen beide Parteien aus dem Erwachsenen-Ich? Wo hören Sie das kritische oder fürsorgliche Eltern-Ich heraus? Wo klingt es nach einem trotzigen, rebellischen, angepassten oder freien Kind-Ich? Wie würde es im Erwachsenen-Ich klingen?
- **Gute Absichten und schlechte Wirkung?**
  Welche gute Absicht erkennen bzw. vermuten Sie wohlwollend bei beiden? Welche falsche bzw. ungünstige Wirkung entsteht im Umfeld?
- **Welche Konfliktwarnsignale sind enthalten?**
  Trennen Sie unbedingt zwischen dem Symptom und der dahinterliegenden Ursache. Arbeiten Sie heraus, wodurch das Warnsignal ausgelöst wird.

- **Ist es ein Konflikt oder ein Problem?**
  Nehmen Sie negative Emotionen – im Ton genervt, in der Ausdrucksweise abwertend – wahr? Oder sind die Gefühls- und die Beziehungsebene intakt, sind gegenseitiger Respekt und Wertschätzung spürbar und handelt es sich tatsächlich »nur« um ein sachliches Problem?
- **Was ist auf der Sachebene das Problem?**
  Denken Sie sich die Emotionen weg, und analysieren Sie sachlich, welche Konfliktart vorliegt. Entscheiden Sie, welches Führungsverhalten hier angemessen ist.
- **Unterschiedliche Persönlichkeiten?**
  Sehen Sie die Konfliktursache in der Persönlichkeit begründet? Welche verschiedenen Persönlichkeitsmerkmale treffen aufeinander und erklären die Schwierigkeiten? Welche Synergie wäre möglich bzw. von Ihnen gewünscht?
- **Realistisch erreichbar?**
  Fragen Sie sich aber auch, was Sie realistischerweise erreichen können. Mit welchen Begrenzungen werden die Beteiligten bzw. auch Sie leben müssen, selbst dann, wenn es schwerfällt?

Möglicherweise fällt Ihnen bei der Reflexion der Fragen auf, dass Ihnen noch die eine oder andere Information fehlt. Dann holen Sie diese zeitnah und sachlich ein:

»Mir ist bei der Nachbereitung unseres Gesprächs aufgefallen, dass ich manches noch nicht ganz verstehe. Deshalb hätte ich von dir gern noch

- weitere Infos,
- ein paar Beispiele,
- eine Einschätzung.«

Verstehen Sie auch diese Anregungen als einen bunten Strauß an Möglichkeiten, und lassen Sie sich nicht von der Komplexität entmutigen. Nutzen Sie einfach, was Ihnen für Ihre Situation hilfreich erscheint.

Schritt 4: Entwickeln Sie einen Lösungsweg
Sie haben nun eine Einschätzung darüber, wer an welcher Stelle mit welchem Verhalten eine Störung in der Zusammenarbeit auslöst. Sie haben erste Ideen dazu, wer was wie ändern müsste. Nun geht es darum, eine Gesamtstrategie für die Lösungsarbeit zu entwickeln.

Was steht an?

Es müssen

- Korrekturen vorgenommen,
- Entscheidungen getroffen,
- Unklarheiten geklärt,
- Fehlannahmen berichtigt oder
- fehlendes Wissen aufgebaut

werden.

Entwickeln Sie zunächst eine ideale Wunschliste. Wer bzw. was müsste sich aus Ihrer Sicht ändern, damit eine kooperative Zusammenarbeit wieder hergestellt werden kann?

Prüfen Sie die Liste anschließend anhand einer realistischen Einschätzung, und wägen Sie Möglichkeiten und Grenzen Ihrer Veränderungswünsche ab. Stellen Sie fest, was Sie realistisch für umsetzbar halten. Was können bzw. müssen Sie sogar einfordern? Wo haben Sie wenig Handhabe und können lediglich appellieren und auf Einsicht und Verständnis hoffen? Was ist unrealistisch? Womit müssen Sie leben? Prüfen Sie, inwieweit Sie im Rahmen Ihrer Verantwortung damit leben können. Können Sie nicht damit leben, so müssen Sie möglicherweise grundsätzlich andere Wege einschlagen und viel weitreichendere Veränderungen einleiten. Noch einmal zur Erinnerung: Sie können einerseits von jedem erwarten, dass er einen respektvollen Umgang an den Tag legt, andererseits können Sie aber aus einem Löwen keinen freundlichen Delphin machen.

Finden Sie die Antworten auf folgende Fragen:

- Wer verletzt mit seinem Verhalten die Gefühls- und die Beziehungsebene? Was ist die Ursache und was ist eine Reaktion darauf? Wer handelt oder denkt an welcher Stelle ungünstig und muss sein Verhalten bzw. seine Einstellung wie genau ändern?
- Wo fehlt Orientierung und Klarheit, und wer kann sie geben? Welche Zuständigkeiten, Verantwortlichkeiten, Schnittstellen müssen geklärt werden?
- Inwieweit haben Sie selbst Anteil an der Störung? Was haben Sie nicht, zu wenig, zu viel oder nicht gut gemacht? Was haben Sie bislang falsch eingeschätzt, über- oder unterschätzt oder übersehen?
- Was muss korrigiert werden? Wer kann diese Korrekturen vornehmen? Welche Korrekturen können nur Sie als Führungskraft vornehmen?
  Bei der Klärung der Frage, was Sie als Führungskraft übernehmen müssen, gilt folgende Grundregel: Alles, was die Kollegen untereinander klären können, sollen sie untereinander klären. Als Führungskraft stellen Sie dann lediglich sicher, dass das auch passiert und zur erwünschten Veränderung führt. Am einfachsten ist es, wenn Sie die Mitarbeiter direkt fragen, ob sie sich eine Klärung miteinander zutrauen. Ermutigen Sie, bieten Sie ein vorbereitendes Coaching an, aber zwingen Sie niemanden. Auch wenn es unmotiviert oder bequem auf Sie wirkt, gehen Sie davon aus, dass es schon einen Grund gibt, wenn die Mitarbeiter diesen direkten Klärungsversuch ablehnen. Nehmen Sie auch hier Ihre Mitarbeiter ernst, und vertrauen Sie darauf, dass die Betroffenen am besten wissen, was ihnen hilft.
- Reicht es aus, dass Ihnen nun alle Informationen über die Ursachen und Hintergründe des Konfliktgeschehens vorliegen? Oder sollten die Beteiligten auch darüber Bescheid wissen? Halten Sie es für besser, wenn sie das über Sie im Einzelgespräch erfahren, oder sollten die Betroffenen direkt miteinander sprechen?
- Brauchen die Betroffenen für eine Aussprache einen neutralen Moderator? Wer kann das sein? Übernehmen Sie diese Rolle? Bitten Sie einen internen Mediator hinzu? Beauftragen Sie einen externen Mediator?

KLEINER EXKURS: TIEFGREIFENDE VERÄNDERUNGEN

Ist bereits zu diesem Zeitpunkt absehbar, dass eine Lösung nur durch tiefgreifende Veränderungen möglich sein wird, oder vermuten Sie, dass Sie ein Budget für entsprechende Maßnahmen benötigen, so überlegen Sie, wen Sie in Ihre Überlegungen einbeziehen und mit wem Sie sich im Vorfeld beraten sollten. Erster Ansprechpartner ist in der Regel der eigene Vorgesetzte, gefolgt von Ansprechpartnern in der Personalabteilung. Keine Sorge: Sie müssen nicht das Rad neu erfinden. In jeder Firma gibt es eine gewohnte Praxis und Erfahrungen im Umgang mit Schwierigkeiten sowie Fachwissen zu arbeitsrechtlichen Anforderungen. In der Personalabteilung wird man Ihnen vertrauensvoll mit Rat und Tat zur Seite stehen.

Schritt 5: Beschreiten Sie den Lösungsweg

Lassen Sie uns kurz innehalten, durchschnaufen und auf die zurückgelegte Wegstrecke blicken. Bis hierhin haben Sie einiges geleistet: Statt in operative Hektik zu verfallen, haben Sie die Hürde der Vorüberlegungen zielorientiert genommen. Und das alles neben Ihrem Tagesgeschäft! Das ist eine tolle Leistung. Dafür dürfen Sie sich anerkennend auf die Schultern klopfen. Ich meine das ganz ernst: Sie betreiben Emotionsmanagement, obwohl Sie weder Psychologe noch Therapeut sind. Und auch wenn es Ihnen nicht gelingt, alles eins zu eins umzusetzen, gehen Sie nach Ihren Möglichkeiten planvoll und professionell vor. Das verdient großen Respekt. Sie haben sich wohlwollend, fair und wertschätzend gezeigt, indem Sie allen Konfliktbeteiligten Ihr offenes Ohr geschenkt haben und jeder die Gelegenheit erhalten hat, seine Sichtweise darzulegen. Sie haben sich die Zeit genommen, Ihre Gedanken zu ordnen, und eine Strategie entwickelt, wie Sie planvoll vorgehen wollen. Bestens gewappnet machen Sie sich nun an die Umsetzung.

Die angekündigten Rückmeldegespräche mit den Konfliktbeteiligten stehen an. Seien Sie sich sicher: Ihre Gesprächspartner warten inzwischen schon ganz gespannt darauf, wie es weitergeht. Laden Sie hierzu alle Konfliktparteien erneut zum Vier-Augen-Gespräch, und berichten Sie über Ihre Überlegungen und Schlussfolgerungen. Das könnte so klingen:

»Nun hat es eine Weile gedauert, vielen Dank für deine Geduld. Inzwischen habe ich auch mit XY gesprochen, mir Gedanken zur Situation gemacht und überlegt, wie wir hier weitermachen wollen …«

Nutzen Sie auch hier wieder die Systematik aus Teil A, Kapitel 4.2, um auf die Argumente Ihres Gesprächspartners zu reagieren. Sie erinnern sich? Und auch hier gilt wieder: Lassen Sie sich nicht von der Vielfalt der Aspekte erschlagen. Nutzen Sie diese als Anregungen, und wählen Sie aus, was zu Ihrer Situation passt:

- Ich stimme zu.
- Ich verstehe.
- Ich sehe deine gute Absicht.
- Hier erkenne ich meinen eigenen Anteil am Problem.

- Das sehe ich anders.
- Hier sehe ich deinen Anteil am Problem.
- Was uns jetzt nicht weiterbringt …
- Da müssen wir hin.
  Notwendigkeiten/Erwartungen an den Rollenstuhl sachlich und klar ansprechen: Was ist dein Anteil dabei?
- Wo liegt der Ball bei mir? Was möchte ich klarstellen? Was habe ich entschieden? Was möchte ich korrigieren? Was werde ich tun?
- Wo liegt der Ball bei deinem Konfliktpartner? Was muss er sicherstellen, ändern, tun? Wie erreichen wir das?
- Wo liegt der Ball bei euch? Was müsst ihr gemeinsam klären, ändern, tun?
  »Was brauchst ihr, um das hinzukriegen? Wie kann ich euch dabei unterstützen? Was kann euch darüber hinaus dabei unterstützen?« (Coaching, Weiterbildung, Aussprache mit oder ohne Mediator)
- Wo liegt der Ball bei dir? Was musst du sicherstellen, ändern, tun?
  »Was brauchst du, um das hinzukriegen? Wie kann ich dich dabei unterstützen? Was kann dich darüber hinaus dabei unterstützen?« (Coaching, Weiterbildung, Aussprache mit oder ohne Mediator)

Wichtig: Das Ziel ist durch die Anforderungen auf dem Rollenstuhl vorgegeben und von Ihnen klar beschrieben. Es steht nicht mehr zur Diskussion. In diesem Gespräch geht es lediglich um den Weg, der zur Zielerreichung führt.

Schritt 6: Planen Sie die nächsten Schritte

Entweder geben Sie die Vorgehensweise vor, oder Sie entwerfen Sie gemeinsam. Anschließend stimmen Sie die unterstützenden Maßnahmen wie Coaching, Mediation, Schulung ab. Klären Sie die Umsetzung im Sinne von: Wer macht was, wie und bis wann? Halten Sie die Vereinbarungen bei Bedarf schriftlich fest, und stellen Sie sie allen Beteiligten zur Verfügung.

Schritt 7: Beobachten und bewerten Sie den Prozess

Sie können sich bei Bedarf Support für die Klärungsarbeit holen, indem Sie beispielsweise auf einen Mediator oder Coach zurückgreifen. Nur: Die Lösungsverantwortung können Sie nicht delegieren. Ganz gleich, welche Maßnahmen Sie vereinbaren: Sie sind und bleiben der Prozessowner, das heißt, Sie überwachen die Umsetzung und steuern bei Bedarf nach. Es ist wichtig, dass die Beteiligten spürbar erleben, dass Sie aufmerksam an der Sache dranbleiben und mitbekommen, was sich tut. Zeigen Sie das aktiv:

- **Würdigen Sie jede positive Entwicklung und Veränderung.**
  Nehmen Sie nichts als selbstverständlich hin, nach dem Motto: Nicht geschimpft ist genug gelobt. Die wohlwollende Anerkennung der ersten positiven Schritte ermuntert zu weiteren Fortschritten.

- **Kritisieren Sie kontraproduktive Verhaltensweisen.**
  Steuern Sie mit Ermahnung und Abmahnung nach, und machen Sie damit für alle Beteiligten klar, dass die Lage ernst ist.
- **Zeigen Sie sich geduldig.**
  Geben Sie den Maßnahmen die notwendige Zeit, damit sie erfolgreich wirken können.
- **Schieben Sie das Thema nicht unnötig auf die lange Bank.**
  Bleiben Sie aber gleichzeitig beherzt am Thema dran, und urteilen Sie realistisch, auch wenn es droht, unangenehm zu werden. Im schlimmsten Fall halten Sie sich an den Spruch: Lieber ein Ende mit Schrecken als ein Schrecken ohne Ende.
- **Entwickeln Sie bei Bedarf einen Plan B.**
  Zögern Sie nicht: Sobald offensichtlich wird, dass Ihr Plan A nicht funktioniert, beraten Sie sich mit Ihrem Vorgesetzten und der Personalabteilung über einen Plan B.

Schritt 8: Schließen Sie den Prozess ab

Irgendwann haben Sie das Thema erfolgreich bewältigt. Dann schließen Sie dieses Projekt bewusst ab. Reflektieren Sie gemeinsam, was alle daraus gelernt haben, und würdigen Sie die Lösungsbeteiligung.

KLEINER EXKURS: DIE GRENZEN DER VERÄNDERUNG

Vergessen Sie bitte nie: Wir bewegen uns mit der strategischen Konfliktlösung nicht im luftleeren Raum, sondern immer im Rahmen unserer Möglichkeiten. Das Arbeitsrecht, die gewohnte Praxis im Unternehmen, die Bedingungen am Arbeitsmarkt und vieles mehr stecken diesen Rahmen immer wieder neu für uns ab. Sollten Sie bei der Konfliktregelung an Ihre Grenzen stoßen, lassen Sie sich bitte nicht frustrieren. Ziehen Sie stattdessen überlegt und klug Ihre Konsequenzen daraus. Müssen Sie beispielsweise einen Mitarbeiter auf einer Position halten, für die er nicht geeignet ist einfach nur, weil

- er kurz vor der Rente steht,
- in Ihrem Unternehmen keine Möglichkeit oder Bereitschaft für eskalierende Maßnahmen besteht oder
- weil sich der Mitarbeiter arbeitsrechtlich erfolgreich an seinen Arbeitsplatz zurückgeklagt hat,

dann leben Sie fortan damit. Akzeptieren Sie diese Problematik als Rahmenbedingung in Ihrem Verantwortungsbereich, entspannen Sie sich wieder, und ziehen Sie Ihre Energie aus dem Thema zurück. Suchen Sie einen Weg, wie Sie möglichst nervenschonend für alle Betroffenen damit umgehen können. Schützen Sie das Umfeld soweit wie möglich vor Folgeschäden und sich selbst vor unnötigem Energieverlust.

7 Wenn der Chef das Problem ist …

… leiden erst die Mitarbeiter und später auch die Führungskraft. Es gibt ausreichend Gründe, warum Führungskräfte in die Kritik der Mitarbeiter geraten. Die Führungsaufgabe ist enorm komplex, die schwierige Situation im Unternehmen verlangt Mitarbeitern und Führungskräften viel ab, und nicht jeder Mitarbeiter ist bereit, sich führen zu lassen. Da ist es verständlich, dass es hin und wieder zu Störungen in der Zusammenarbeit zwischen Team und Führungskraft kommt. Doch wenn sich ein Team gegen die Führungskraft aufbäumt, heißt es »Alle gegen einen«. Hier ruhig zu bleiben und besonnen zu reagieren, ist eine große Herausforderung.

Lernen wir dazu Birgit kennen:

Praxisbeispiel

Birgit hat vor einem halben Jahr ihre Promotion abgeschlossen, die sie in der Firma geschrieben hat. Direkt im Anschluss wurde ihr die Leitung einer Abteilung übertragen. Darauf ist sie stolz. Zumal sie weiß, dass das Topmanagement ihr zutraut, frischen Wind in die Abteilung zu bringen. Mit Feuereifer hat sie sich in ihre Aufgaben gestürzt, um die Prozesse und Methoden auf den neuesten wissenschaftlichen Stand zu bringen und die Effizienz zu steigern. Aber der Alltag ist oft frustrierend. Einige ihrer Mitarbeiter sind total unflexibel und stemmen sich mit Sturheit gegen jede Veränderung. Teilweise werden nicht einmal ihre ausdrücklichen Anweisungen ausgeführt, sondern ignoriert oder wegdiskutiert. Sie hat es mit ständigem Gegenwind und Bedenkenträgertum zu tun. Im Rahmen einer anonymen Umfrage hat sie nun die schlechteste Bewertung als Führungskraft im Unternehmen bekommen. Birgit ist schwer getroffen. Sie fühlt sich von ihrem Team verraten und hintergangen.

Puh, keine leichte Sache. Vielleicht verstehen Sie spontan beide Parteien. Einerseits kann ein unerfahrener Chef schon nerven. Andererseits kann ein widerspenstiges Team dem Chef das Leben zur Hölle machen.

Bevor wir besprechen, wie sich eine derartige Konfliktsituation klären und lösen lässt, wollen wir zunächst verstehen, was im Vorfeld passiert sein muss, bevor der Konflikt offenkundig wurde.

Denn auch wenn es manchmal so wirkt, als käme ein Konflikt aus dem Nichts: Jeder Konflikt hat seine Ursachen und seine Entstehungsgeschichte. Um angemessen auf Mitarbeiterkritik reagieren zu können, ist es wichtig, diese zu verstehen.

Die typische Ausgangssituation

Wenn es zu Störungen in der Zusammenarbeit zwischen Führungskraft und Mitarbeitern kommt, steht einer schnellen, direkten Auseinandersetzung erst einmal die Hierarchie im Wege.

- **Kritik am Chef fällt schwer**
  »Du bist ein schlechter Chef« traut sich kaum jemand zu sagen. Mitarbeiter haben eine Art natürliche Beißhemmung, wenn es darum geht, ihren Vorgesetzten zu kritisieren. Sie wissen, dass das unangenehme Folgen haben kann. Denn was, wenn die Führungskraft sich angegriffen fühlt und zum Gegenangriff übergeht? Die Mitarbeiter befürchten, dass ihnen Nachteile entstehen könnten. Und das zu Recht. In der Folge drücken sie Ärger und Kritik meist unpräzise aus. Egal ob in Form von sanften Hinweisen oder ruppigen Aussagen, indirekten Anspielungen, zynischen Kommentaren, Schweigen oder abweisender Körpersprache – die Signale werden von der Führungskraft meist nicht richtig verstanden oder falsch interpretiert. Deswegen wird das Problem weder angegangen noch gelöst. Was die Führungskraft nicht mitbekommt: In Hintergrundgesprächen tauschen die Mitarbeiter akribisch ihre Kritikpunkte aus, bestätigen sich gegenseitig in ihren Beobachtungen und Einschätzungen und bauen zunehmend Ärger auf. Auf diese Weise braut sich hinter dem Rücken des Chefs über lange Zeit – wir sprechen hier von einem Jahr und mehr – ein beachtlicher Konflikt zusammen. Zu diesem Zeitpunkt ahnt der Chef meist noch nichts von der Misere.

  Interessanterweise sind die meisten Führungskräfte davon überzeugt, dass ihre Mitarbeiter ihnen gegenüber Kritik offen ansprechen. Sie auch?

- **Das Problem braucht eine Lösung**
  Irgendwann sind sich alle einig: So kann es nicht weitergehen. In der Not beschließt man, sich im Schutz der Gruppe an höherer Stelle über den Chef zu beschweren. Ansprechpartner kann der nächsthöhere Vorgesetzte sein oder der Chef darüber, der Betriebsrat oder die Personalabteilung. Oder die Kritik findet ihr Ventil im Rahmen einer Mitarbeiterbefragung.

  Auf den Chef wirkt das Verhalten des Teams dann verständlicherweise wie ein Angriff aus dem Hinterhalt. Er erlebt die Mitarbeiter als böswillig und unfair. Tatsächlich steckt hinter solchen Aktionen jedoch die gute Absicht, den Missstand aufzuzeigen und eine Lösung herbeizuführen.

- **Die richtige Reaktion fällt schwer**
  Die Führungskraft verfällt häufig erst einmal in eine Art Schockstarre, wenn sie die Mitarbeiterkritik mit voller Wucht trifft.

  Verständlich, nicht wahr?
  Sie fragen sich, wie man am besten mit so einer »Krise« umgeht?
  Naja, die Hütte brennt! Jetzt heißt es Löschen, Verschieben wäre brandgefährlich. Es steht viel auf dem Spiel, denn im Augenblick kann die Führungskraft ihr Team nicht mehr erfolgreich führen.

Jetzt ist es wichtig, schnell zu reagieren. Doch Vorsicht: Es muss auch die richtige Reaktion sein. Denn mit einer falschen Einstellung, falschen Annahmen oder falschen Handlungen reitet die Führungskraft sich und ihr Team trotz aller Bemühungen nur noch tiefer ins Schlammassel.

Und das Schwierigste: Das Ganze ist kein sachliches Problem, sondern natürlich eine hoch emotionale Geschichte.

- **Die Emotionen übernehmen das Steuer**
  Es gibt ausreichend Gründe, warum die Situation für die Führungskraft hochemotional wird. Denn wer wird schon gern kritisiert? Und dann noch hintenherum. Das fühlt sich dann nicht mehr wie Kritik an, sondern wie ein Angriff aus dem Hinterhalt. »Warum kommen die Mitarbeiter nicht direkt auf mich zu?«, mag sich die Führungskraft fragen. Und weiter:
  - Sie fragt sich, warum der Betriebsrat nicht auch ihre Sichtweise einholt: »Die urteilen über mich, ohne mit mir gesprochen zu haben.«
  - Sie will wissen, wer genau welches Problem mit ihr hat. Sie will das zuordnen können.
  - Sie versteht nicht, warum jetzt plötzlich alles schlecht sein soll, was sie macht.
  - Sie fühlt sich gekränkt, missverstanden, ungerecht behandelt und angegriffen.
  - Leise Selbstzweifel regen sich: »Liegt es an mir? Kann ich nicht gut führen?«
  - Sie hat Sorge, ob sie das überhaupt wieder in den Griff bekommt.

Diese hohe Emotionalität zeigt sich jedoch nicht nur bei der Führ ungskraft, sondern auch bei den Mitarbeitern. Sicher ist: Wenn sich Mitarbeiter beschweren – egal bei wem –, sind sie ebenfalls hoch emotional getroffen. Sie sind auch sauer, enttäuscht, stinkig und denken: Jetzt reicht‹s, jetzt muss was passieren!
Die Sache ist also hochemotional für die Führungskraft und hochemotional für die Mitarbeiter. Und wir alle kennen das: Wenn Emotion auf Emotion stößt, wird es erst einmal richtig schwierig.
Das Problem ist uns inzwischen bekannt: Konfliktmanagement ist Emotionsmanagement. Die meisten Führungskräfte fühlen sich da überfordert und sind ratlos, wie sie sich am besten verhalten sollen.
Anders bei Ihnen: Als Leser dieses Buches sind Sie inzwischen firm in Sachen zwischenmenschliche Störungen. So können Sie tatsächlich Fehler vermeiden, die das Ganze nur noch schlimmer machen würden.

Von den sozialen Schmerzen der Führungskraft
Bevor die Führungskraft emotional in der Lage ist, professionell zu reagieren, benötigt sie zunächst die richtige Einstellung. Doch das ist leichter gesagt als getan. Denn: Der Mensch ist ein soziales Wesen. Von Natur aus haben wir alle ein starkes Verlangen nach Zugehörigkeit. Stehen wir einem Team gegenüber, das uns gemeinschaftlich kritisiert, ist unsere Zugehörigkeit zur Gruppe bedroht. Wir fühlen uns unverstanden, angegriffen und ausgegrenzt.

Und das tut weh.

Lesen Sie dazu gern das bewegende Kundeninterview »Von den sozialen Schmerzen der Führungskraft«, das Sie im Online-Begleitmaterial zu diesem Buch finden. Es führt uns eindringlich vor Augen, wie schwierig es ist, als Führungskraft mit einer geballten Ladung Mitarbeiterkritik umzugehen, und wie letztlich doch eine Lösung möglich wird.

Neurowissenschaftliche Experimente zeigen, dass Menschen sozialen Schmerz genauso erleben wie körperlichen Schmerz. Da ist es verständlich, dass sich die Führungskraft schützen will, sich verteidigt, die Kritik abwehrt und zum Gegenangriff übergeht.

Verständlich? Ja! Hilfreich? Nein!

Solange sich die Führungskraft in der Defensive befindet, wird jedes Teamgespräch zu weiteren Verletzungen und Missverständnissen führen, und die Fronten verhärten sich. Erst wenn die Führungskraft in der Lage ist, die Kritik ernst und anzunehmen, wenn sie wirklich verstehen möchte und bereit ist, an ihrem Führungsstil zu arbeiten, öffnet sich das Tor zur Lösung.

Okay, Ziel verstanden, mögen Sie denken. *Doch wie kommt man dahin, wenn man mit dem Rücken zur Wand steht?*

Es geht um den Führungsstil

Mithilfe der Trennung von Privat- und Jobstuhl führen wir uns vor Augen, dass die Kritik nicht persönlich gemeint ist, sondern »nur« unser Verhalten auf dem Rollenstuhl betrifft. Auch wenn es anders wirkt: Es geht um einen professionellen Führungsstil und nicht um unsere Person. Unterm Strich bedeutet das: Die Mitarbeiter haben eine gute Absicht. Sie zeigen auf, dass irgendetwas in der Zusammenarbeit nicht passt und korrigiert werden muss. Nicht mehr und nicht weniger. Sobald wir das verstanden haben und respektieren können, wird es schlagartig leichter.

Die Führungskraft als Change Agent

Tatsächlich ist in dieser Situation die Führungskraft am Zug. Nur sie hat es in der Hand, eine Veränderung einzuleiten. Meist sieht sie das jedoch nicht so. Sie denkt:

- »Das ist mir zu einseitig.«
- »Das stimmt alles nicht.«
- »Der Huber ist der Aufwiegler, die anderen sind nur Mitläufer.«

In der Folge realisiert die Führungskraft nicht, dass sie angezählt ist. Und Widerstand ist zwecklos! Es braucht die Bereitschaft, das eigene Verhalten kritisch zu hinterfragen, um die Ursachen des Konflikts erkennen zu können. Hilfreiche Fragen sind hierbei:

- Was muss ich verstehen?
- Was kann ich lernen?
- Wie könnte ich es besser machen?

DIE ACHT HÄUFIGSTEN URSACHEN FÜR KRITIK AM CHEF

- **Keine Zeit für Führung – fehlende Präsenz**
  Die Führungsrolle ist zwar besetzt, wird aber nicht bedient.
- **Schlechter Stil – schlechtes Benehmen**
  Die Führungskraft erweist sich der Führungsrolle nicht würdig.
- **Schlechte Kommunikation – fehlende Information**
  Die notwendige Kommunikation und Information für erfolgreiches Arbeiten wird nicht sichergestellt.
- **Gefühlte Arbeitsüberlastung – ständige Überforderung**
  Die geforderte Leistung ist auf Dauer vom Mitarbeiter nicht leistbar – zu viel oder zu schwer.
- **Fehlende Klarheit – Vision, Strategie, Ziele, Struktur**
  Es fehlt die Orientierung, warum es wo und wie genau hingehen soll.
- **Mangelnde Kompetenz – Fehlentscheidungen und Alleingänge**
  Die Mitarbeiter werden in ihrer Kompetenz nicht ernst genommen.
- **Fehlende Gleichbehandlung – gefühlte Ungerechtigkeit**
  Der Chef bevorzugt seine »Lieblingskinder«.
- **Missachten des Bestehenden – Erzwingen von Veränderungen**
  Die Mitarbeiter sind nicht mit im Boot, sie werden nicht abgeholt und nicht mitgenommen.

Ich bin mir keiner Schuld bewusst

Erschwerend kommt hinzu, dass jede Führungskraft ein eigenes Rollen- und Führungsverständnis verinnerlicht hat, das sie nicht mehr hinterfragt. Sie kommt gar nicht auf die Idee, dass dieses unangemessen, unprofessionell oder nicht mehr zeitgemäß sein könnte. Wir haben bereits in Teil A, Kapitel 2.1 darüber gesprochen: Führungsstile entwickeln sich laufend weiter. Vieles von dem, was man vor fünf Jahren machen konnte, geht heute nicht mehr.

Darüber hinaus spielt hier wieder der Unterschied zwischen Absicht und Wirkung maßgeblich mit hinein. Sie erinnern sich? Wirklich ist, was wirkt. Für unser Selbstbild steht unsere gute Absicht im Fokus. Doch unser Fremdbild wird von der Wirkung bestimmt, die wir bei anderen erzeugen.

Die Frage ist nun: Wie kommen wir uns selbst auf die Schliche? Wie entdecken wir Fehler in unserem Denken?

Schwierig. Da ist eine neutrale Außensicht durchaus hilfreich. Sich rechtzeitig Hilfe zu holen, ist ein Zeichen von Professionalität. Eine allparteiliche Person, die alle Positionen herausarbeitet, eine konstruktive Auseinandersetzung sicherstellt und alle Beteiligten im Sturm der Emotionen in den sicheren Hafen der Lösung zu lenken weiß, kann wahrlich hilfreich sein.

Ich habe einen Online-Selbstlernkurs für Führungskräfte entwickelt, die in der Kritik ihrer Mitarbeiter stehen. Nähere Informationen finden Sie unter https://www.konfliktberaterin.de/produkt-kategorie/online-selbstlernkurse/

Den Startpunkt setzen

Meine ersten Empfehlungen:

- Räumen Sie der Konfliktklärung oberste Priorität ein.
- Nehmen Sie sich Zeit dafür.
- Holen Sie sich bei Bedarf Unterstützung.

Allein das ist schon Teil der Lösung. Denn Sie nehmen damit die Anliegen Ihrer Mitarbeiter ernst. Es wird erlebbar, dass das Problem bei Ihnen angekommen ist und Sie sich ernsthaft damit auseinandersetzen werden. Das wirkt bereits deeskalierend.

Die aufgewühlten Emotionen beruhigen

Erinnern Sie sich an die vier Schritte zur Beruhigung aufgewühlter Emotionen aus Teil A, Kapitel 3.4? Hier noch einmal die Schritte im Überblick:

- Schritt 1: Die Emotionen müssen auf den Tisch. Es braucht die Erlaubnis, offen über sie zu sprechen.
- Schritt 2: Die Emotionen müssen ernst genommen und dürfen nicht wegdiskutiert werden.
- Schritt 3: Die Emotionen müssen verstanden werden, wobei »verstehen« nicht gleichbedeutend sein muss mit »einverstanden sein«.
- Schritt 4: Es braucht ein glaubwürdiges Bemühen um eine gute Lösung. Und eine gute Lösung lässt sich nicht erzwingen. Sie ist eine, die für alle Beteiligten passt.

Entlang dieser vier Schritte erarbeiten Sie mit den beteiligten Personen Stück für Stück eine stabile Lösung und reflektieren gemeinsam die Umsetzung in der Praxis. Keine operative Hektik, kein Strohfeuer, sondern ein kontinuierlicher, glaubwürdiger Veränderungsprozess wird benötigt. Der Zusatznutzen: Alle Beteiligten wachsen daran, verbessern ihre Konfliktfähigkeit und lernen, ihre Zusammenarbeit auch in Zukunft konstruktiv zu gestalten.

Spielen Sie mit offenen Karten! Der gesamte Konfliktlösungsprozess sollte für alle Beteiligten planbar, transparent und einschätzbar sein. Das gibt Sicherheit im Feld der schwer kalkulierbaren persönlichen Befindlichkeiten und unterstützt damit das Gelingen der Klärung maßgeblich.

Die Diagnose

Sie kennen das bereits: Am Anfang steht immer eine Analyse der Ist-Situation. Wie in den beiden vorangegangenen Kapiteln ausführlich beschrieben, wollen wir wieder zuhören und verstehen, wie sich der aktuelle Konflikt erklären lässt. Hierfür bieten sich verschiedene Varianten an:

- **Das Teamgespräch**
  Stellt sich die Führungskraft der Kritik im Teammeeting, hat das mehrere Erschwernisse. Zum einen ist die »Viele gegen einen«-Situation eine sehr große Herausforderung für die

innere Stabilität der Führungskraft. Zum anderen gibt es in jedem Team die Lauten und die Leisen. Diejenigen, die sich trauen, die Kritik offen anzusprechen, geraten schnell in den Verdacht, Anführer des Aufstands zu sein. Die Ruhigen wirken wie Mitläufer, können aber im Hintergrund durchaus die größten Kritiker sein. Ein impulsiver Kollege vergreift sich schnell im Ton und schießt mit seiner Kritik über das Ziel hinaus. Er macht sich dadurch angreifbar, seine Kritik wird nicht ernst genommen, und Verständigung wird verhindert. Andererseits ist es der natürlichste Weg, die Karten offen auf den Tisch zu legen und gemeinsam darüber zu sprechen. Prüfen Sie, ob eine Moderation durch eine neutrale Person hilfreich sein kann.
- **Das Gespräch mit Stellvertretern aus dem Team**
  Das Team benennt ein, zwei, drei Kollegen, die sich mit der Führungskraft zusammensetzen und ihr die Kritik stellvertretend für alle übermitteln. Die Vorteile liegen auf der Hand: »Wenige gegen einen« ist leichter als »Alle gegen einen«, der Schutz durch die Anonymität bleibt bewahrt und die Sprecher der Gruppe geraten nicht in den Verdacht, die Aufwiegler zu sein, weil sie das Mandat der Gruppe haben.
- **Einzelgespräche**
  Wenn Sie bei jedem Mitarbeiter in einem Vier-Augen-Gespräch sein persönliches Erleben der Konfliktsituation erfragen, holen Sie die Einzelnen aus dem Schutz der Gruppe und lösen die Anonymität auf. Gerade das ist häufig der Antrieb von Führungskräften: Sie wollen erkennen, wo jeder Einzelne steht, Aufwiegler und Mitläufer identifizieren und die konkreten Kritikpunkte greifen können. Sollte sich das Team mit diesem Vorgehen einverstanden erklären, dann spricht nichts dagegen. Meist ist diese konfrontative Vorgehensweise jedoch nicht erwünscht. Die Einzelnen wollen im Schutz der Gruppe und anonym bleiben. Sie möchten die Kritikpunkte platzieren, ohne sich rechtfertigen zu müssen oder in eine direkte Konfrontation mit der Führungskraft zu geraten.
  Die machen es sich leicht, denken Sie? Glauben Sie mir: Die Mitarbeiter haben bis hierhin genug gelitten.
- **Die externe Konfliktdiagnose**
  Wenn Sie das notwendige Budget bereitstellen können und sich einen kompetenten Konfliktberater an Ihre Seite holen, ist eine externe, neutrale Diagnose sicherlich der Königsweg. In anonymen Einzelgesprächen kann jeder Mitarbeiter frei von der Leber weg über seine Probleme sprechen. Jeder wird ernst genommen, verstanden und wertgeschätzt. Das entlastet die aufgewühlten Gemüter und stärkt in der Folge die Bereitschaft, einen Neustart zu wagen und an einer gemeinsamen Lösung mitzuwirken.

Sie überlegen, welcher Weg in Ihrer Situation der beste wäre? Schwer zu entscheiden?

Fragen Sie Ihr Team, welchen Weg es bevorzugt. Geben Sie Zeit, damit sich die Mitarbeiter beratschlagen können, und folgen Sie den Wünschen anschließend. Vertrauen Sie darauf, dass Ihr Team am besten weiß, was es braucht. Sie schlagen damit zwei Fliegen mit einer Klappe: Sie wissen, wie Sie vorgehen können, und leisten gleichzeitig einen wertvollen Beitrag zur Deeskalation. Indem Sie partnerschaftlich auf die Mitarbeiter eingehen, schenken Sie ihnen Wertschätzung und leben bereits eine Veränderung im Umgang miteinander vor.

Für alle Varianten gilt: Sie müssen im Nachgang intensiv durchdacht werden. Eine konkrete Anleitung dazu finden Sie in den beiden vorangegangenen Kapiteln.

Die Mithilfe der Mitarbeiter

Damit Sie Ihre Diagnose vernünftig durchführen können, sind Sie auf die Mitwirkung Ihrer Mitarbeiter angewiesen. Was aber, wenn die konstruktive Kommunikation Ihrer Mitarbeiter zu wünschen übrig lässt – zum Beispiel weil diese ihre Anliegen vor allem als sogenannte Du-Botschaften formulieren, sodass sie sich vorwurfsvoll und anklagend anhören?

Um zu verstehen, was Ihre Mitarbeiter wollen, brauchen Sie Beispiele von konkreten Situationen, in denen sich das Problem zeigt. Bitten Sie Ihr Team deshalb, seine Kritik mithilfe der Feedbackregeln aufzuzeigen. Stellen Sie dazu das einfache Modell der drei W vor – Wahrnehmung, Wirkung und Wunsch.

DIE DREI W DES KONSTRUKTIVEN FEEDBACKS

Wahrnehmung: Was konkret nehmt ihr wahr? Beschreibt das Verhalten bzw. Geschehen, das euch stört, möglichst objektiv.
Wirkung: Was bewirkt das bei euch? Welche Gedanken und Gefühle löst es aus? Welches Bedürfnis bleibt unerfüllt? Beschreibt subjektiv aus eurem persönlichen Erleben heraus.
Wunsch: Was braucht ihr? Welche Veränderung wünscht ihr euch konkret?

Feedback annehmen

Auch beim Annehmen des Feedbacks gilt: Tappen Sie nicht in die Rechtfertigungsfalle. Widerstehen Sie der Versuchung, sich zu erklären. Wenn Sie sich auf das Gesagte beziehen, dann lediglich durch resümierendes Paraphrasieren bzw. Verbalisieren sowie durch Verständnisfragen. Wir haben in Teil A, Kapitel 4.1 darüber gesprochen.

Die Standortbestimmung

Auf Grundlage der neu gewonnenen Erkenntnisse sollten Sie nun in der Lage sein, mithilfe der folgenden Gegenüberstellung »Guter Stil – schlechter Stil« einen Abgleich zwischen Ihrem Selbstbild und dem Fremdbild des Teams zu erstellen. Sie identifizieren die Punkte, um die es geht, und können daraus Ihren Änderungsbedarf ableiten.

Klingt gut? Dann lassen Sie uns loslegen.

Es ist extrem schwierig, guten Führungsstil jeden Tag und unter Druck zu gewährleisten. Zumal wir spätestens seit Kapitel 1.3 in Teil A wissen, dass es mit der guten Absicht allein nicht getan ist. Sie müssen auch die entsprechende Wirkung erzielen. Und Sie wissen ja: Jeder Ausrutscher kann nachhaltige Folgen haben. Die folgende Gegenüberstellung unterscheidet zwischen gutem und schlechtem Führungsstil. Es ist die Essenz der verschiedenen Erwartungen bzw. Vorwürfe an Führungskräfte, die im Rahmen meiner langjährigen Konfliktberatungen von Teams formuliert wurden.

Guter Stil	**Schlechter Stil**
• geht mit allen Menschen wertschätzend um • zeigt gegenüber allen Menschen Respekt • kommuniziert auf Augenhöhe von Erwachsenem zu Erwachsenem, unabhängig von der Hierarchie • ist beständig freundlich • verhält sich professionell (wie ein Chef) • zeigt stets gutes Benehmen, Anstand und gute Umgangsformen • ist kooperativ • ist präsent, erreichbar, hat ein offenes Ohr • informiert Mitarbeiter, beziehtsie ein, nimmt sie mit • zeigt Hintergründe auf, erläutert, erklärt • bleibt unter Stress ruhig, bewahrt einen klaren Kopf • kritisiert professionell die Sache, nicht die Person • bleibt wertschätzend, ruhig, spricht klar an, was stört • wirkt auch in schwierigen Situationen gelassen und beherrscht • hört aufmerksam zu und versucht zu verstehen • erkennt den Menschen im Mitarbeiter • gute Herzensbildung bei menschlichen Problemen • geht mit Macht achtsam und bewusst um • stellt das eigene Verhalten infrage (Selbstreflexion) • stellt sich in den Dienst der Sache • lebt klare Werte • behandelt alle Mitarbeiter gleich und fair	• zeigt situationsabhängig wertschätzenden bzw. geringschätzenden Umgang • zeigt nur gegenüber manchen Menschen und in bestimmten Situationen Respekt • kommuniziert je nach Hierarchie mal auf gleicher Augenhöhe, mal von oben herab und mal aus einer untergeordneten Position • ist launisch, mal freundlich, mal unfreundlich • verhält sich natürlich (»Ich bin wie ich bin«) • benimmt sich manchmal daneben (keine gute Kinderstube) • ist dominant, streitbar oder durchsetzungsschwach • hat keine Zeit, ist ständig unterwegs, schwer erreichbar • ist im eigenen Kopf gefangen • macht Vorgaben und setzt diese mit Druck durch • flippt aus, verliert den Kopf, vergreift sich im Ton • kritisiert persönlich, d.h. greift die Personan • schimpft, verurteilt, beschuldigt • trägt unter Druck eine hohe Emotionalität nach außen • hat eine vorgefertigte Meinung • sieht die Ressource im Mitarbeiter • hat allein die Aufgabenbewältigung im Fokus • übt Macht unreflektiert und emotional geleitet aus • mangelnde Selbstreflexion • eigene Belange, persönliche Vorlieben stehen im Vordergrund • lässt Werte vermissen • bevorzugt »Lieblingskinder

PRAXISCHECK

Drucken Sie sich das digitale Begleitmaterial »Guter Stil – schlechter Stil: Selbsteinschätzung« aus.

Ihr persönlicher Status quo

Bewerten Sie jede der Facetten zweimal: zunächst mit Ihrem Selbstbild und dann mit dem vermuteten Fremdbild, also mit dem, was Ihre Mitarbeiter Ihrer Meinung nach vermutlich ankreuzen würden.
Verwenden Sie für die Auswertung bitte folgende Skala: von +++ (trifft vollkommen zu) bis --- (trifft überhaupt nicht zu).
Um den Überblick zu behalten, verwenden Sie bitte zwei verschiedenfarbige Stifte: eine Farbe für Ihre Selbsteinschätzung, eine andere für das vermutete Fremdbild.
Wenn Sie eine Einschätzung darüber abgeben, was Ihre Mitarbeiter ankreuzen würden, überlegen Sie bitte auch, weshalb Sie zu dieser Einschätzung kommen: Gibt es konkrete Vorkommnisse, die Sie darauf schließen lassen?
Holen Sie sich bei Unklarheiten ein Feedback aus Ihrem Umfeld.
Wenn Sie alle Facetten bewertet haben, verbinden Sie die Punkte einer Farbe zu einer Linie. Mithilfe der Reflexionsfragen können Sie das Ergebnis nun auswerten.

Die Auswertung

- Wo vermute ich die größten Diskrepanzen zwischen Selbstbild und Fremdbild?
- Welche Stärken habe ich?
- Welche Entwicklungsfelder zeigen sich?
- Wie möchte ich mit diesem Ergebnis umgehen?

Die Lösung

Sie verstehen inzwischen nicht nur die Mitarbeiterkritik, sondern Sie kennen auch die Erwartungen an Sie. Sie haben Ihren Lern- und Veränderungsbedarf identifiziert. Während Sie bei manchen Themen sicherlich bereits eine Idee und einen Plan haben, wie Sie vorgehen wollen, sind Sie bei anderen Themen vielleicht noch ratlos und fragen sich, wie Sie das konkret angehen sollen.
Kein Problem: Es gibt jemanden, der genau weiß, was es braucht. Ein externer Coach? Nein. Viel einfacher. Fragen Sie Ihre Mitarbeiter.

- »Was braucht ihr konkret?«
- »Wie genau stellt ihr euch das vor?«
- »Wie wollen wir das machen?«

Schluss mit dem Brüten im stillen Kämmerlein. Sie werden staunen, wie klar und unterstützend Ihre Mitarbeiter sein können. In deren Köpfen liegen die besten Lösungsideen bereit zum Abruf. Wozu sollten Sie vermuten, raten und hoffen, dass Sie das Richtige machen? Fragen, zuhören, umsetzen – so einfach kann Führung sein. Ihre Mitarbeiter werden es zu schätzen wissen, dass Sie deren Überlegungen abfragen und sich ernsthaft damit auseinandersetzen.

Die Nachhaltigkeit

Abschließend sei noch einmal darauf hingewiesen, dass ausschließlich eine glaubwürdige und nachhaltige Veränderung zu einer Entspannung der Situation führt. Schnelle Hauruck-Aktionen und lodernde Strohfeuer sind kontraproduktiv und wertlos.

8 Wenn »die da oben« das Problem sind …

… dann rebellieren die Mitarbeiter, und die Führungskraft ist nicht – wie man denken könnte – fein raus, sondern im Gegenteil: Sie steht an der Front und bekommt den Druck, Frust und Ärger voll ab. Das Topmanagement befindet sich dagegen weit ab vom Schuss und bekommt von all dem Aufruhr wenig bis gar nichts mit. Vornehm zur Seite treten, um den Weg nach oben freizugeben nach dem Motto »Sorry, ich kann nichts dafür, ist nicht meine Entscheidung«, ist leider keine Option.

Lernen wir dazu Chris kennen:

> **Praxisbeispiel**
>
> Chris ist Teamleiter und führt seit fünfzehn Jahren ein zwölfköpfiges Team. Der Großteil seines Teams besteht aus langjährigen Mitarbeitern. Gerade diese hadern immer wieder mit den aktuellen Entwicklungen im Unternehmen und beklagen seit Jahren ständige Verschlechterungen. Auch Chris hat immer wieder seine Schwierigkeiten mit Entscheidungen des Topmanagements und tut sich teilweise schwer, diese mitzutragen und umzusetzen. Doch er ist Pragmatiker. Über die Jahre hat er gelernt, seine Möglichkeiten und Grenzen zu erkennen. Er fischt nicht mehr in fremden Gewässern. Er hat seinen Frieden damit gemacht und setzt klaglos um, was von ihm verlangt wird. Umso mehr nervt ihn das ewige Gemecker seiner Mitarbeiter. Er wünscht sich, dass auch sie ihren Frieden mit der Hierarchie im Unternehmen machen, und reagiert mit klaren Ansagen:
>
> - »Das kommt von oben und steht nicht zur Diskussion.«
> - »Ich finde es auch blöd, aber es ist halt so.«
> - »Wem es hier nicht passt, der kann sich ja einen anderen Job suchen.«
>
> Chris will damit nicht nur zum Ausdruck bringen, dass ihm diese endlosen Diskussionen auf den Senkel gehen, sondern auch, dass er sie für vergebene Liebesmüh hält. Die Entscheidungen sind gefallen. Darüber zu lamentieren kostet nur Zeit und Energie und bringt nichts.

Was meinen Sie, wie Chris' Verhalten bei seinem Team ankommt?

Richtig: Nicht gut!

Der Grund: Die Mitarbeiter fühlen sich von ihm nicht ernst genommen und wie kleine Kinder behandelt.

Dabei sind wir uns einig: Chris hat in der Sache recht. Allerdings erzeugt er mit seinem Verhalten mehr Unmut als Einsicht. Die spannende Frage ist, wie er es besser machen könnte.

ANGST VOR VERÄNDERUNGEN?

Die weitverbreitete Annahme, dass Mitarbeiter Angst vor Veränderungen haben und sich deswegen grundsätzlich dagegen sperren, ist nicht nur Humbug, sondern auch schädlich. Sie führt dazu, dass Mitarbeiter mit ihren Überlegungen nicht ernst genommen werden. Der Großteil der Mitarbeiterkritik bezüglich Organisationsentwicklungsprozessen bezieht sich nicht auf das Was, sondern auf das Wie. Mit unpassendem Vorgehen, mangelhafter Kommunikation und ungeschicktem Führungsverhalten werden die Mitarbeiter teils eher aus dem Boot geschubst, als dass sie zur Mitfahrt eingeladen werden. Grundsätzlich ist es so: Was der Mitarbeiter versteht und einsieht, trägt er mit. Schon allein im eigenen Interesse. Digitalisierung, agiles Arbeiten – die großen Entwicklungsrichtungen werden häufig weniger infrage gestellt. Vielmehr besteht das Bedürfnis, sich mit seinem Wissen und seinem Erfahrungsschatz einzubringen und durch eigenen Kompetenzaufbau marktfähig zu bleiben.

Nichtsdestotrotz: Ja, es gibt immer wieder Unternehmensentwicklungen, die Mitarbeiter und manchmal auch Führungskräfte nicht für gut befinden. Das ist unvermeidbar. Wir erleben es jeden Tag: Ein Unternehmen befindet sich in einem permanenten Veränderungsprozess. Es muss in rasanter Geschwindigkeit auf die ständigen Veränderungen am Markt (technologische Entwicklungen, Wettbewerber, Arbeitsmarkt, gesetzliche Anforderungen und vieles mehr) reagieren und sich den Herausforderungen der Zukunft anpassen. Das bedingt natürlich, dass auch die Mitarbeiter sich verändern und mitwachsen müssen.

Führungskräften kommt in diesem Zusammenhang in der Tat eine wichtige Funktion zu: Sie sind die sogenannten Change Agents. Das heißt, sie sind dafür verantwortlich, dass sich ihr Bereich den aktuellen Gegebenheiten und Erfordernissen anpasst. Damit Wandel jedoch gelingt, benötigen Führungskräfte die Fähigkeit, Menschen dort abzuholen, wo sie stehen. Nur auf diese Weise ist es möglich, Mitarbeiter für Veränderungen zu gewinnen. Eine Weiterentwicklung in die gewünschte Richtung erfordert zum einen Wertschätzung und Respekt für das Vorhandene und bisher Geleistete. Zum anderen ist klare Kommunikation gefragt: Nur wenn der gewünschte Wandel nachvollziehbar in einem schlüssigen Sinnzusammenhang erscheint, sind die Beteiligten für die Veränderung bereit. Hierbei muss die Führungskraft persönlich Stellung beziehen und Verständnis und Akzeptanz schaffen. Das gelingt nicht durch Druck und rigide Vorgaben, sondern durch die Fähigkeit, Befürchtungen, Wahrnehmungen und Emotionen ernst zu nehmen und konstruktiv zu beeinflussen.

Wenn Sie Wandel und Veränderungen erfolgreich einführen und auch etablieren wollen, müssen Sie die Mitarbeiter dafür gewinnen. Nur wenn es Ihnen gelingt, Ihr Team – bildlich gesprochen – ins Boot zu holen, die Ziele für Ihre Mission plausibel und verständlich zu machen und eine klare Route aufzuzeigen, können sie erfolgreich sein.

Jede Organisationsentwicklung bringt Veränderungen mit sich und hat ihre Gewinner und Verlierer. Die Mitarbeiter entscheiden sich nicht eigenständig und freiwillig für den Wandel, sondern sind ihm in gewisser Weise ausgeliefert. Während die Geschäftsführung das große Ganze im Blick hat, beschäftigt den Mitarbeiter seine konkrete Perspektive. Das ist menschlich: Jeder strebt danach, seine Lebensumstände kontinuierlich zu verbessern, und will Verschlechterungen abwehren.

Eine Unternehmensentscheidung, die gefühlte oder tatsächliche Nachteile für einzelne oder alle Mitarbeiter mit sich bringt, ruft im Team zunächst Aufregung und Widerspruch hervor. Ob jammernd und anklagend, schimpfend oder aggressiv, zynisch, respektlos oder beleidigt und verstockt – je nach Persönlichkeit drücken Mitarbeiter Unverständnis und Unmut aus. Die Führungskraft ist der Überbringer der schlechten Nachricht. Die Mitarbeiter werden ihren Ärger bei ihr abreagieren. Das macht die Kommunikation von schlechten Nachrichten ans Team für Führungskräfte zu einer unangenehmen Aufgabe. Besonders dann, wenn die Führungskraft selbst ein Akzeptanzproblem mit Entscheidungen aus dem Topmanagement hat, ist es sehr herausfordernd, professionell damit umzugehen. Stellt sie sich ungeschickt an, gießt sie unwissentlich Öl ins Feuer und heizt den Unmut an, statt die aufgewühlten Gemüter zu beruhigen. In der guten Absicht, den Mitarbeitern eine schwierige Unternehmensentscheidung schmackhaft zu machen, treten Führungskräfte häufig unbedacht in Fettnäpfchen. Es gibt unzählig viele davon. Hier ein paar weitverbreitete:

Fettnäpfchen Nr. 1: Schönreden
Wir versuchen eine unangenehme Nachricht im besten Licht erscheinen zu lassen. Wir drehen und wenden sie so lange, bis wir den ein oder anderen kleinen Vorteil entdecken. Diesen rücken wir dann in den Vordergrund und hoffen, dass er den großen Nachteil überdeckt:

»Ist doch gar nicht so schlimm. Immerhin müssen wir dann nicht mehr...«

Fettnäpfchen Nr. 2: Vergleiche ziehen
Nach dem Motto »Schlimmer geht immer« zeigen wir Beispiele auf, wie es uns schlechter hätte treffen können:

»Wir haben es da noch ganz gut. In anderen Firmen machen sie ...«

Fettnäpfchen Nr. 3: Appellieren
Wir wollen den Unmutsäußerungen ein Ende setzen und appellieren an die Vernunft:

»Jetzt reißt euch zusammen. Wir sind hier zum Arbeiten und nicht zum Vergnügen.«

Fettnäpfchen Nr. 4: Aufmuntern
Wir wollen Zuversicht ausstrahlen und Wertschätzung zeigen.

»Wir schaffen das schon!«

Fettnäpfchen Nr. 5: Witzeln
Wenn alle im Tal der Tränen sitzen, versuchen wir die Stimmung mit einer Prise Humor zu heben.

»Hättet ihr was Gescheites gelernt, dann müsstet ihr jetzt nicht …«

Fettnäpfchen Nr. 6: Ratschläge erteilen
Lösungsorientiert wie wir sind, haben wir immer einen schnellen Vorschlag parat und wollen damit hilfreich sein:

»Jetzt wartet erst mal ab, bis wir genauere Informationen haben. Das sind alles noch ungelegte Eier. Konzentriert euch auf eure Arbeit und macht einen guten Job.«

Haben Sie sich schon einmal nach Kräften für erforderliche Veränderungen eingesetzt und bei Ihren Mitarbeitern regelrecht auf Granit gebissen? Dann haben Sie sich vermutlich in der einen oder anderen Aussage wiedergefunden. Sie überlegen, wie Sie es besser machen können? Hier kommt die Antwort:

Es bedarf einer guten Vorbereitung. Letztendlich ist die Reaktion des Teams auf eine negative Nachricht zwar nie vollständig planbar. Dennoch: Je besser wir unseren eigenen Standpunkt, unsere Gedanken und Gefühle geklärt haben, desto mehr können wir mit unserer Aufmerksamkeit bei den Mitarbeitern sein und auf deren Reaktionen eingehen. Statt unter Rechtfertigungsdruck und in Argumentationsnot zu geraten, bleiben wir gelassen und können den Prozess so leichter steuern. Mit den folgenden zehn Haltegriffen bewegen wir uns sicherer durch eine heikle Situation:

Haltegriff Nr. 1: Stabil aus dem Erwachsenen-Ich kommunizieren
Ist Ihnen aufgefallen, dass alle Fettnäpfchen aus dem Eltern-Ich kamen? Ob kritisch oder wohlwollend, da spricht stets ein Großer mit einem Kleinen. Das provoziert zusätzlich. Gerade wenn es schwierig wird, ist eine klare Kommunikation das A und O. Und zwar auf allen Ebenen, sowohl auf der Sachebene als auch auf der Gefühls- und der Beziehungsebene. Wenn wir Veränderungen bewirken wollen, können wir uns Störungen auf der Gefühls- und der Beziehungsebene nicht leisten. Mit Druck, rigiden und nicht nachvollziehbaren Vorgaben provozieren wir aber genau solch eine Störung. Wechseln Sie stattdessen in die wertschätzende Kommunikation, die aus dem Erwachsenen-Ich kommt und auf Augenhöhe stattfindet. Achten Sie darauf, dass Sie Wertschätzung und Respekt vermitteln – selbst dann, wenn Mitarbeiter Sie aus dem rebellischen Kind-Ich heraus anschießen oder provozieren.

Haltegriff Nr. 2: Die Wahrheit der Situation benennen
Statt mit einem bewertenden »Ich habe schlechte Nachrichten« einzusteigen, berichten wir ruhig über die Wahrheit der Situation. Mit ZDF (Zahlen, Daten, Fakten) stellen wir zunächst die neue Situation sachlich dar.

Haltegriff Nr. 3: Verständnis für die Reaktionen zeigen
In der Vorbereitung fragen wir uns, welche Reaktionen verständlich und nachvollziehbar sind:

- Warum ist die Nachricht für die Mitarbeiter kritisch?
- Wo verstehe ich sie?
- Wie blicke ich als Führungskraft darauf?

Proaktiv benennen wir verständliche Gedanken und Gefühle, die die Nachricht aller Wahrscheinlichkeit auslösen wird. Wir zeigen damit, dass wir durchaus wissen, was daran schwierig ist:

»Ich weiß, dass das ärgerlich ist, weil wir seit Jahren darauf hingewiesen haben und niemand darauf reagiert hat. Nun sind wir es, die den Karren aus dem Dreck ziehen müssen, zusätzliche Samstagsarbeit …«

Haltegriff Nr. 4: Hintergründe erklären
Solange wir eine Entscheidung selbst nicht verstehen, wird es uns nicht gelingen, sie vernünftig zu übermitteln. Wir müssen sie nicht für gut befinden, sondern lediglich im Sinne von »Verstanden heißt nicht einverstanden« nachvollziehen können. Unsere Frage ist also nicht, ob diese Entscheidung gut und richtig ist, sondern wie sie zustande gekommen ist und was man sich von ihr erhofft. Auch wenn es häufig anders scheint: Die Entscheider wissen durchaus, was sie warum tun. Um erläutern zu können, wie sich diese Entwicklungen verstehen lassen, holen wir vorbereitend bei ihnen Informationen ein:

- Was war Auslöser der Überlegungen?
- Welche Ursachen bzw. Notwendigkeiten wurden identifiziert?
- Welches Ziel wird angestrebt?

Haltegriff Nr. 5: Auswirkungen aufzeigen
Was genau bedeutet das jetzt für uns? Mit dieser Überleitung fokussieren wir das Thema auf unseren Bereich. Wir legen die Karten unaufgeregt offen auf den Tisch. Statt die Umstände zu beschönigen, reflektieren wir realistisch sowohl die Fakten als auch die Emotionen, die das Ganze mit sich bringt.

Haltegriff Nr. 6: Raum für Unmutsäußerungen geben
Auch wenn es anstrengend ist und Zeit kostet: Die Mitarbeiter müssen die Gelegenheit erhalten, ihre Gedanken und Gefühle zu äußern. Versuchen wir dies zu unterdrücken, findet der Austausch hinter unserem Rücken statt. Das macht es nicht einfacher, denn dort haben wir keinen Zugriff. Wie immer beruhigen sich aufgewühlte Emotionen am schnellsten, wenn sie gehört und ernst genommen werden. Sobald den Mitarbeitern durch eine Entscheidung Nachteile entstehen, werden sie darum kämpfen, diese abzuwehren. Je gravierender die Einschnitte sind, desto intensiver und länger werden sie sich damit auseinandersetzen. Das ist normal und lässt sich auch mit Führungsgeschick nicht vermeiden. Jeder hat seinen eigenen Kopf und möchte

sich das Denken nicht verbieten lassen. Jeder hat aufgrund seiner Aufgabe einen eigenen Blickwinkel und bewertet eine Entscheidung dahingehend. Und last but not least: Jeder hat eigene Interessen und vertritt diese.

Haltegriff Nr. 7: Einflussmöglichkeiten aufzeigen
Um in dieser aufgeheizten Stimmung Orientierung geben zu können, überlegen wir, was bereits entschieden ist und wo es noch Einflussmöglichkeiten gibt. Indem wir für alle transparent machen, worüber es sich lohnt zu diskutieren, lenken wir die Aufmerksamkeit in eine konstruktive Richtung. Hilfreiche Fragen sind:

- Was bringt uns jetzt vorwärts?
- Was kostet nur Energie und zieht uns runter?

Haltegriff Nr. 8: Das weiteres Vorgehen transparent machen
Um dem unguten Gefühl des Ausgeliefertseins entgegenzuwirken, machen wir immer wieder transparent, wie der weitere Prozess sein wird und wie der aktuelle Status quo ist. Wir klären die Fragen:

- Wie wird es weitergehen?
- Worauf sollten wir uns einstellen?
- Womit müssen wir uns abfinden?

Haltegriff Nr. 9: Ansprechbar sein
Es genügt nicht, dass wir die gewünschte Veränderung einmal ankündigen und dann erwarten, dass sie zum Selbstläufer wird. Stattdessen müssen wir den Wandel als Prozess begreifen, den wir als Change Agent aktiv gestalten und begleiten. Statt von Besprechung zu Besprechung zu hetzen und uns hinter verschlossenen Türen zu verschanzen, zeigen wir in unruhigen Zeiten bewusst mehr Präsenz. Wir bieten gute Möglichkeiten an, mit uns ins Gespräch zu kommen, oder gehen aktiv auf einzelne Mitarbeiter zu. Nicht jeder ist von einem Wandel gleich stark betroffen. Was der eine mit links bewältigt, kann einem anderen schlaflose Nächte bereiten. Was für den einen eine willkommene Herausforderung ist, kann einen anderen ängstigen und überfordern. In Einzelgesprächen gehen wir auf die persönlichen Befindlichkeiten der Mitarbeiter ein. Wir nehmen ihre Ängste und Sorgen ernst, bieten neue Sichtweisen und bei Bedarf Hilfestellung an.

Haltegriff Nr. 10: Transparenz schaffen durch Kommunikation
Wie genau ist der Stand der Dinge? Wer hat etwas Neues gehört? Im Team werden Informationen emsig zusammengetragen. Gerade wenn es sehr emotional zugeht, sind Ungewissheiten, Vermutungen, Befürchtungen und Interpretationen echte Scharfmacher. Hier lohnt es sich, das Bemühen und die Situation zu versachlichen und immer wieder über den aktuellen Status quo zu berichten. Die Führungskraft ist in der Regel besser informiert und kann mit ihrem Wissen wertvolle Orientierung geben. Übrigens: Selbst wenn dem nicht so ist, vermuten es die Mitarbeiter. Haben wir keine genaueren Informationen, so stellen wir das besser klar. Ansonsten wirkt es so, als würden wir dem Team absichtlich Informationen vorenthalten. Was gern

übersehen wird: »Es gibt nichts Neues« ist durchaus eine wichtige Information. Indem wir zum Austausch über den Flurfunk einladen und erzählen lassen, was die Buschtrommeln berichten, ziehen wir das Thema aus den Hintergrundgesprächen in den Vordergrund. Es wird greifbar und bearbeitbar. Ein weiterer Vorteil: Wir können den Wahrheitsgehalt der umherschwirrenden Informationen bewerten:

»Die Sachlage ist folgendermaßen: … Das … ist nur eine Interpretation, Vermutung, Sorge, Hoffnung …«

Ebenso können wir zu den Interpretationen unsere persönliche Einschätzung geben: »Das halte ich persönlich für unwahrscheinlich.« Wichtig ist, dass wir jedem Mitarbeiter das Recht auf seine eigenen Überlegungen, Hoffnungen und Befürchtungen zugestehen. Ansonsten entsteht der Eindruck, wir würden uns über die Mitarbeiter stellen und ihre Überlegungen nicht ernst nehmen.

Sicherlich haben Sie bereits einige Veränderungsprozesse miterlebt, in denen das Neue so hochgejubelt wurde, dass die Vergangenheit damit gleichzeitig abgewertet wurde. Mitarbeiter sind an dieser Stelle extrem empfindlich.

Praxisbeispiel

In der Firmenzeitschrift wird ein Interview mit dem neuen Geschäftsführer zu seinen Vorhaben veröffentlicht. In dicken Lettern steht die Überschrift: »Ab jetzt beginnt die Zukunft!« Für die langjährigen Mitarbeiter ist das ein Affront. Sie fühlen sich mit ihrer Leistung der Vergangenheit nicht geschätzt.

Ein Veränderungsprozess wird schnell als Abwertung der Vergangenheit empfunden. Insofern ist es wichtig, in der Kommunikation darauf zu achten, dass folgende Punkte Wertschätzung erfahren:

Das bisher Geleistete und Bestehende wertschätzen

- **Welche Leistung wurde in der Vergangenheit erbracht?**
  Bedenken Sie, dass das Unternehmen mit der Kompetenz und dem Engagement seiner Mitarbeiter aufgebaut wurde. Auch wenn es unter den aktuellen Rahmenbedingungen heute gilt, anders zu agieren, ist diese Leistung zu erkennen, zu benennen und zu würdigen.
- **In welcher Kultur wurde bislang gearbeitet?**
  Aus der spezifischen Art der Zusammenarbeit ist in der Vergangenheit eine eigene Unternehmenskultur erwachsen. Selbst wenn diese auf Dauer nicht mehr zu den aktuellen Rahmenbedingungen passt, gilt es, sie zu erkennen, zu benennen und zu würdigen.

- **Welche Besonderheiten wurden zur Gewohnheit?**
  In der Vergangenheit gab es offizielle Regeln, die häufig nicht eins zu eins umgesetzt wurden. Die Dauer der Pausenzeiten, die Einhaltung der Hygiene- oder Sicherheitsvorschriften oder die korrekte Dokumentation von Prozessen weichen in der gelebten Praxis häufig von den Vorschriften ab. Die entstandenen Freiheiten in der Ausgestaltung der Regeln wurden in der Historie geduldet und sind über die Zeit zu einer Art Gewohnheitsrecht geworden. Niemand hat dann ein Fehlerbewusstsein, wenn er die offiziellen Regeln nicht eins zu eins umsetzt. Darüber hinaus gibt es in jedem Unternehmen spezifische Annehmlichkeiten (zum Beispiel Tischdecken in der Kantine, Einzelbüros, zentrale Firmenlage) und Vergünstigungen (etwa kostenloses Mittagessen, Weihnachtspräsent, Obst/Getränke/Kaffee umsonst). Sobald Sie diese Freiheiten, Annehmlichkeiten und/oder Vergünstigungen einschränken (müssen), erleben die Mitarbeiter dies als Verschlechterung. Ist es ja faktisch auch. Wundern Sie sich also nicht, wenn der Aufschrei zunächst groß ist, und geben Sie den Mitarbeitern Zeit, den Einschnitt zu überwinden und sich mit den neuen Gegebenheiten zu arrangieren.
- **Worin zeigt sich das Engagement Ihrer Mitarbeiter?**
  Suchen Sie die gute Absicht auch in den kritischen oder missmutigen Äußerungen Ihrer Mitarbeiter. Hinter Widerstand stecken meist eine ernstzunehmende Sichtweise und ein hohes Verantwortungsgefühl.

Wird Ihnen langsam mulmig bei der Vorstellung, wie viel Arbeitszeit dafür draufgeht?

Stimmt schon. Bei allem Verständnis: Irgendwann ist genug gejammert. Die Entscheidung ist gefallen, und es muss damit umgegangen werden. Mit diesem Statement setzen wir zu gegebener Zeit einen Punkt und schicken den weiteren Austausch über die Situation bewusst wieder in die Hintergrundgespräche. Gleichzeitig arbeiten wir mit dem Team an der konkreten Umsetzung.

Damit wir uns nicht missverstehen: Dieses Kapitel kann und will keine Schulung zum Thema Change-Management sein. Wir haben lediglich den Aspekt aufgegriffen, wie wir eine Konfliktentstehung bzw. -verschärfung durch unser Verhalten als Führungskraft vermeiden und gute Voraussetzungen für die Akzeptanz einer Veränderung schaffen können.

Fazit: Es steht nicht in unserer Macht, als Führungskraft unangenehme Veränderungen für die Mitarbeiter abzuwenden. Der Fokus liegt auch nicht wie bisher darauf, eine gute Lösung zu finden. Denn es gibt nichts zu lösen. Vielmehr geht es für die Mitarbeiter darum, Veränderungsbedarfe zu verstehen und sich von den daraus ergebenden Konsequenzen nicht persönlich angegriffen oder verletzt zu fühlen. Die Führungskraft kann die Mitarbeiter lediglich auf unterstützende Weise dabei begleiten, Abschied von bestimmten Vorzügen oder liebgewonnenen Gewohnheiten zu nehmen und sich mit den neuen Gegebenheiten zu arrangieren. Beherrscht sie das gut, erweist sie sowohl dem Unternehmen als auch ihrem Team und nicht zuletzt sich selbst ausgesprochen wertvolle Dienste.

Danksagung

Zuallererst bedanke ich mich bei der Lektorin Anna Egger, die diese Buchidee an mich herangetragen und die grobe Struktur vorgeschlagen hat. Ohne ihre Initiative gäbe es dieses Buch in dieser Form und zu diesem Zeitpunkt nicht.

Ich danke meinen Eltern für ihre Liebe und Fürsorge und ihre Werte, die sie mir mitgegeben haben. Ich bin dankbar, dass ich Teil unserer wunderbaren Großfamilie bin und dort meinen Platz habe.

Ich danke meinen Ausbildern, die mir ihr Wissen, ihre Erfahrungen und ihre Erkenntnisse weitergegeben und mich geschult und trainiert haben. Besonders geprägt haben mich Dr. Stefan Raab aus Karlsruhe, die Streitschule in München und das Institut für Fort- und Weiterbildung (IFW) in München. Mein besonderer Dank gilt Professor Walter Kögl und Danielle Christoph, die mich gelehrt haben, mich selbst zu verstehen und gut für mich zu sorgen und darüber hinaus jegliches menschliches Verhalten wertfrei wahrzunehmen, tiefgreifend zu verstehen und wohlwollend damit umzugehen.

Dann danke ich allen Arbeitgebern, die mir meinen Berufsweg ermöglicht haben, allen bisherigen Chefs, die mich herausgefordert und gefördert haben, den vielen Geschäftsführern, die mir ihre Anforderungen an Führungskräfte klargemacht haben sowie den unzähligen Führungskräften, die mir ihr Vertrauen geschenkt und ihre Probleme und Nöte mit mir geteilt haben. Allen Teilnehmern meiner Seminare und Coachings danke ich, dass sie ihre Fragestellungen und Sichtweisen eingebracht haben und sich mit meinen Gedanken und Methoden auseinandergesetzt, sie auf Praxistauglichkeit geprüft und laufend evaluiert und verfeinert haben.

Ich danke all meinen Kollegen, die mit mir gemeinsam jahrelang Führungskräfte ausgebildet und fachliche Inhalte und didaktische Konzepte diskutiert und weiterentwickelt haben. Besonders hervorheben möchte ich hier Dr. Thomas Michel und Roland Mittelmaier.

Ich danke meinen Auftraggebern, die meine Dienstleistung in Anspruch nehmen und mir ihr Vertrauen schenken. Es bereitet mir viel Freude, für sie da zu sein.

Vielen Dank an Michael Wirth für die inspirierende Zusammenarbeit. Er hat für dieses Buch Kernaussagen und Praxisbeispiele mit viel Hingabe und Kreativität in ausdrucksstarke Illustrationen umgesetzt.

Ich danke meiner Kollegin Walburga Ludwig, die mir für ein Kapitel dieses Buches als Sparringpartnerin zur Verfügung stand, sowie meinem Kollegen Freitag, der mich auf den Schäffer-Poeschel-Verlag aufmerksam gemacht hat. Maria Hanz danke ich für ihre freundschaftliche Unterstützung bei diesem Buchprojekt.

Ich danke dem Schäffer-Poeschel Verlag für die Möglichkeit, dieses Buchprojekt gemeinsam zu realisieren, sowie dem gesamten Lektoratsteam, das meinen Text so wunderbar geschliffen hat und mir bei allen Fragen hilfreich zur Seite stand.

Mein allergrößter Dank gilt meinem Mann Ernst Wolfswinkler, der hinter mir steht und seit vielen Jahren mit mir gemeinsam im Austausch die Anforderungen an professionelles Führungsverhalten in der Praxis tiefgreifend reflektiert. In diesem Sinne ist er an vielen Stellen gedanklicher Co-Autor dieses Buches.

Anhang

Lösung Teil A, Kapitel 1.1

- Was wir voneinander halten
  Meine Kollegin mochte unseren Chef nicht. Sie nahm seine Aussagen nicht ernst und kritisierte ständig sein Verhalten. Sie sprach ihm jegliche Führungskompetenz ab.
  - Blitz: gestörte Beziehung

  Ich mochte ihn und fand es auch ganz gut, wie er uns führte.
  - Plus: gute Beziehung
- Wie wir zueinander stehen
  Meine Kollegin akzeptierte Hans nicht als ihren Chef. Sie verhielt sich aufmüpfig und behandelte ihn wie einen Kollegen, der ihr nichts zu sagen hat.
  - Blitz: keine Akzeptanz der Führungsrolle

  Ich sah in ihm meinen Chef und arbeitete gern mit ihm zusammen.
  - Plus: Akzeptanz der Führungsrolle

Lösung Teil A, Kapitel 1.2

Praxisbeispiel 1

Die Täuschung:

Die junge Mitarbeiterin trennt nicht zwischen Arbeit und privat, sondern ist zu hundert Prozent authentisch. Sie verhält sich im Büro, als wäre sie zu Hause. Zu den Kollegen pflegt sie ein freundschaftliches Verhältnis und tauscht sich mit ihnen offen über alles, was sie bewegt, aus. In Bezug auf ihr Liebesdrama sucht sie einerseits Trost und Rat bei ihnen. Andererseits möchte sie auch aufzeigen, was für ein fieser Mensch der andere in Wirklichkeit ist. Sie denkt, dass sie sich richtig verhält.

Die Anforderung:

Die Liebesgeschichte gehört natürlich auf den Privatstuhl. Nachdem sie sich im Job nicht ganz verbergen lassen wird, ist es durchaus gut, dass die Kollegen darum wissen. Doch die »Überschrift« reicht aus. Details und Hintergrundgeschichten gehören nicht in den Firmenalltag. Die Dramaqueen muss es schaffen, hier zwischen den beiden Stühlen zu trennen. Das muss die Führungskraft einfordern.

Praxisbeispiel 2

Die Täuschung:

Der langjährige ältere Mitarbeiter ist davon überzeugt, dass er aufgrund seines Alters, seiner längeren Firmenzugehörigkeit und seiner Festanstellung mehr zu sagen hat als der junge Praktikant. Der Praktikant ist für ihn ein Gast in seinen Räumen, und er erwartet, dass er sich entsprechend zurückhaltend benimmt.

Tatsächlich ist diese Einstellung nicht absurd, sondern lediglich überholt. Sie war bis vor Kurzem noch weitverbreitete gelebte Praxis. Der Anstand erforderte, dass der Jüngere dem Älteren Respekt zollt. Er wusste, dass er weniger Rechte hatte als der Kollege und stellte seine Bedürfnisse hinten an. Er musste sich Weisungen unterordnen und sich in das Team integrieren.

Aufgrund dieser (Fehl-)Annahme empfindet der ältere Mitarbeiter das Verhalten des Praktikanten als ungehörig. Er fühlt sich von ihm provoziert, nicht ernst genommen und respektlos behandelt. Das bringt ihn in Rage, und er reagiert darauf, wie es seinem aufbrausenden Naturell entspricht.

Die Anforderung:

Es handelt sich hier um einen Streitpunkt über Werte und Anstand. Die Zeiten haben sich geändert und die jungen Kollegen sind selbstbewusster geworden. Sie fühlen sich gleichberechtigt und wollen entsprechend behandelt werden. Eine Enttäuschung über den Wertewandel gehört auf den Privatstuhl. Auf dem Rollenstuhl muss der ältere Mitarbeiter damit umgehen. Er könnte es so sehen: »Der junge Praktikant ist mit mir auf einer Stufe. Wir teilen ein paar Wochen einen gemeinsamen Arbeitsraum. In diesem Raum müssen wir uns beide wohlfühlen, um vernünftig arbeiten zu können. Ich habe keine Vorrechte. Wir müssen uns abstimmen, wie wir mit unseren unterschiedlichen Bedürfnissen nach Frischluft und Kühle bzw. Wärme so umgehen, dass es für uns beide passt.«

Praxisbeispiel 3

Die Täuschung:

Der gewissenhafte Mitarbeiter geht davon aus, dass ihm sein Arbeitsmaterial gehört und er darüber entscheiden kann, ob und wenn ja, wem er es ausleiht. Selbstverständlich erwartet er, dass der andere seine Großzügigkeit zu schätzen weiß, pfleglich mit dem entliehenen Gegenstand umgeht und ihn seinem Besitzer zuverlässig zurückbringt. Klappt das nicht, nimmt er es sehr persönlich und fühlt sich geringgeschätzt und nicht ernst genommen.

Die Anforderung:

Auch das war lange Zeit gelebte Praxis. Es war selbstverständlich und hatte etwas mit Anstand zu tun. Auch hier liegt ein Wandel vor: Arbeitsmaterialien und Arbeitsplätze sind zunehmend keine Besitztümer der Mitarbeiter mehr, sondern stehen allen zur Aufgabenerledigung zur Verfügung. Ein Ärger über diesen Wandel gehört auf den Privatstuhl. Auf dem Jobstuhl könnte folgende Einstellung helfen: »Ich muss mit dem Kollegen darüber sprechen, dass mich das in meiner Arbeit behindert. Hier braucht es eine Lösung. Eventuell ist das auch ein Thema für das nächste Teammeeting. Aber Vorsicht: Der Ton macht die Musik.«

Praxisbeispiel 4

Die Täuschung:

Für die ältere Mitarbeiterin steht die korrekte Aufgabenerfüllung im Job an erster Stelle. Sie fühlt sich verantwortlich dafür, dass die junge Kollegin alles richtig macht. Sie beobachtet deren Arbeitsweise und korrigiert bei Bedarf. Sie geht davon aus, dass es auch der Kollegin am Herzen liegt, keine Fehler zu machen und sie dankbar für jeden Hinweis ist.

Stattdessen fühlt sich die junge Kollegin beobachtet und bevormundet. Sie möchte selbstständig arbeiten können und besteht darauf, dass die Kollegin ihr nichts zu sagen hat. Die Qualität ihrer Arbeit steht in diesem Moment hinten an.

Die Anforderung:

Auch hier liegt dem Problem wieder ein Wertewandel zugrunde. Die korrekte Erledigung der Fachaufgabe steht nicht mehr an allererster Stelle und rechtfertigt nicht mehr jedes Verhalten. Die Leistung eines Mitarbeiters zu beobachten und zu beurteilen, ist der Führungskraft vorbehalten. Ein Ärger über diesen Wandel gehört auf den Privatstuhl.

Auf dem Jobstuhl muss die verantwortungsbewusste Kollegin erkennen, dass es ihr nach Beendigung der Einarbeitung nicht mehr zusteht, die Arbeit der jüngeren Kollegin zu beobachten und zu korrigieren. Selbstverständlich kann sie mit der Führungskraft und der jüngeren Kollegin besprechen, wie sie damit umgehen soll, wenn ihr Fehler auffallen. Eine Korrektur bedarf dann allerdings einer geschickten Formulierung, damit sie akzeptiert wird.

Lösung Teil A, Kapitel 1.3

Praxisbeispiel 1

Die Wirkung, die er erzeugt:

Der erfahrene Mitarbeiter wirkt unbekümmert, überlegen und unangreifbar. Mit seiner heiteren Art nimmt er ein ernstes Problem, unter dem viele seiner Kollegen leiden, auf die Schippe und lädt ein, es ihm gleich zu tun. »Mir kann keiner was, ich mach‹ mein Ding und kümmere mich nicht darum, was meine Führungskraft von mir will« – das scheint seine Botschaft zu sein.

Er akzeptiert die Führung nicht und verstößt damit gegen den ersten grundlegenden Aspekt: Der Mitarbeiter muss sich führen lassen.

Welche gute Absicht könnte sich dahinter verbergen?

Es könnte sein, dass er aufgrund schmerzhafter Erfahrungen im Unternehmen aus der Vergangenheit zu seinem Schutz eine Art Galgenhumor entwickelt hat. Sein Ziel könnte sein, sich emotional abzugrenzen, seine Nerven zu schonen und seine Gesundheit zu schützen. Gleichzeitig überwindet er das Gefühl der Ohnmacht, indem er vom Opfer zum Gestalter wird.

Praxisbeispiel 2

Die Wirkung, die er erzeugt: wie in Praxisbeispiel 1

Welche gute Absicht könnte sich dahinter verbergen?

Als Vertriebler ist er direkt vor Ort beim Kunden und ist davon überzeugt, dass er deren Bedarfe am besten kennt. Er möchte erfolgreich arbeiten können und die Wünsche des Kunden bedienen. Veränderungen, die ihm das Arbeiten erschweren oder aus seiner Sicht nicht sinnvoll sind, blendet er deswegen aus. Er ist davon überzeugt, dass es richtig ist, wie er es macht.

Praxisbeispiel 3

Die gute Absicht der Mitarbeiterin:

Die erfahrene Mitarbeiterin ist ausgesprochen verantwortungsbewusst, arbeitet engagiert und eigenständig. Die Arbeit macht ihr viel Freude, und so handelt sie aus der guten Absicht heraus, ihre Aufgabe erfolgreich zu erledigen. Dabei zeigt sie sich weitestgehend flexibel und ordnet ihre Freizeit dem Bedarf am Arbeitsplatz unter, indem sie genau dann arbeitet, wenn es erforderlich ist. In der Sommerzeit ist in ihrem Arbeitsbereich nicht viel los. Deswegen feiert sie seit Jahren in dieser Zeit die Überstunden wieder ab. Sie bereitet ihre Abwesenheiten akribisch vor, sodass für ihre Kollegen keine Mehrarbeit entsteht. Ihre Führungskräfte haben sie dafür stets geschätzt und ihr alle Freiräume zugestanden.

Die gute Absicht des Chefs:

Er bemerkt mit Erstaunen, dass sich die Mitarbeiterin nicht an die allgemein gültigen Regeln im Umgang mit der Arbeitszeit hält. Er weiß, dass er für deren Einhaltung verantwortlich ist, und sieht dringenden Handlungsbedarf. Auch im Sinne der Gleichbehandlung mit den Kollegen möchte er so schnell wie möglich bewirken, dass sie sich richtig verhält.

Die Wirkung, die die Mitarbeiterin beim neuen Chef erzeugt:

Er hat den Eindruck, dass sie sich die Arbeitszeiten ganz nach persönlichem Belieben so einrichtet, wie es sich mit ihrer Freizeit am besten in Einklang bringen lässt. Nachdem sie im Sommer seit Jahren Überstunden abbaut und damit ihren Urlaub verlängert, vermutet er, dass sie diese unterm Jahr gezielt aufbaut. Für ihn hat die ganze Sache ein »G‹schmäckle«.

Die Wirkung, die die Führungskraft bei der Mitarbeiterin erzeugt:

Die Mitarbeiterin versteht das Vorgehen des Chefs überhaupt nicht. Sie fühlt sich auf eine absolut unangemessene Weise von ihm behandelt: überfallen, kontrolliert, gemaßregelt und bevormundet. Sie hat den Eindruck, dass er ihre Leistung nicht anerkennt und sie loswerden möchte.

Sie akzeptiert seine Führung nicht und verstößt damit gegen den ersten grundlegenden Aspekt: Der Mitarbeiter muss sich führen lassen.

Der Chef wiederum legt kein professionelles Führungsverhalten an den Tag und verstößt damit gegen den zweiten grundlegenden Aspekt: Die Führungskraft muss professionell führen.

Praxisbeispiel 4

Die gute Absicht der Mitarbeiterin:

Für die langjährige Mitarbeiterin stehen die Arbeit und das Wohl der Firma an erster Stelle. Fehler müssen vermieden werden, und dabei unterstützt sie auch ihre Kollegin. Sie hat bereits während der Einarbeitung festgestellt, dass die junge Kollegin immer wieder Flüchtigkeitsfehler macht. So sieht sie sich genötigt, ihre Arbeiten mit im Auge zu behalten und immer wieder zu korrigieren. Sie sieht keine Alternative dazu: Sie kann doch nicht einfach wegschauen und zulassen, dass der Firma Schaden entsteht. Nein, das könnte sie nicht. Dazu identifiziert sie sich viel zu stark mit der Firma. Andererseits mag sie die junge Kollegin auch und möchte sie nicht auffliegen lassen. Häufig bessert sie ungefragt nach und fängt Dinge auf, bevor sie Schaden anrichten, obwohl es nicht ihre Aufgabe ist. Zudem lautet ihr Motto: Erst die Arbeit, dann das Vergnügen. Insofern kann sie nicht verstehen, wie die Kollegin zum Kaffeetrinken gehen kann, obwohl noch so viel Arbeit auf ihrem Tisch liegt. Mit ihrer Frage möchte Sie die Kollegin indirekt zum Nachdenken bringen.

Die Wirkung der Mitarbeiterin:

Auf die junge Kollegin wirkt die langjährige Mitarbeiterin übergriffig. »Sie hat kein Recht, mich zu kontrollieren«, denkt diese bei sich. »Sie überschreitet ihre Befugnisse und führt sich als Chefin auf. Zudem behandelt sie mich wie ein kleines, dummes Kind. Das lasse ich mir nicht gefallen.«

Die langjährige Mitarbeiterin verstößt gegen den ersten grundlegenden Aspekt: Die Kollegen müssen sich kollegial verhalten.

Lösung Teil A, Kapitel 1.4

Praxisbeispiel 2

Die ausgegrenzte Kollegin wird immer unsicherer und weiß nicht, wie sie sich am besten verhalten soll. Sie versteht nicht, warum die Kollegen sie so behandeln. Deswegen weiß sie weder, was sie sich zu Schulden hat kommen lassen, noch, was sie anders machen soll. Sie fühlt sich abgewiesen und unbeliebt. Sie möchte sich wehren und schützen, aber auch behaupten und nicht unterkriegen lassen. Sie fühlt sich immer wieder angegriffen und verletzt und hat Angst vor der Begegnung mit den Kollegen. Sie vermutet, dass Einzelne andere gegen sie aufwiegeln. Sie ist auch wütend. Sie nimmt sich immer mehr zurück und wird dabei zunehmend einsam. Ihr Selbstwertgefühl leidet. Nachts kommt sie nicht mehr zur Ruhe. Ihre Gedanken drehen sich im Kreis auf der Suche nach einer Lösung.

Mit der Zeit gewinnt sie den Eindruck, dass sie gemobbt wird. Dagegen möchte sie sich wehren. Sie sucht das Gespräch mit ihrer Führungskraft. Dort erhält sie wenig Unterstützung.

Anmerkung:

Als erstes muss geklärt werden, ob es sich hier tatsächlich um Mobbing handelt. Falls ja, ist die Führungskraft verpflichtet, entschlossen einzugreifen und die betroffene Mitarbeiterin zu schützen. Hierzu gibt es eine eigene Fachlichkeit, die beschreibt, wie konkret vorzugehen ist. Darauf einzugehen würde den Rahmen dieses Buches sprengen. Ich empfehle die Fachliteratur und den Kontakt mit einer Mobbingberatungsstelle.

Ansonsten geht es hier nicht darum, die Mitarbeiterin zum Opfer und die Kollegen zu Tätern zu erklären. Tatsächlich zeigte die Mitarbeiterin ein ungewöhnliches Verhalten, das einerseits auf einer anderen kulturellen Prägung begründet war und andererseits aufgrund persönlicher Probleme entstand.

Wichtig: Es geht nicht darum, einen Schuldigen zu identifizieren, sondern dringend benötigte Hilfe anzubieten.

Lösung Teil A, Kapitel 2.1

Praxisbeispiel 1

Problem oder Konflikt?

Es ist ein Konflikt, denn bei den Mitarbeitern sind negative Gefühle gegenüber Ralf entstanden.

Welche gute Absicht könnte sich dahinter verbergen?

Ralf möchte sich einen Überblick über die Aufgaben in seinem Verantwortungsbereich verschaffen. Er hofft, dass er durch den Mailverkehr mitbekommt, was gerade bei wem läuft.

Die Wirkung, die er erzeugt:

Auf seine Mitarbeiter wirkt er misstrauisch und kontrollierend. Sie empfinden es als geringschätzend, mit welcher Selbstverständlichkeit er diese Forderung stellt. Sie sind der Meinung, dass er dazu nicht berechtigt ist und seine Befugnisse überschreitet.

Auf dem Privatstuhl mag das für Ralfs Belange durchaus eine gute Idee sein. Tatsächlich wäre es interessant, mitzubekommen, in welche Themen jeder Mitarbeiter eingebunden ist.

Auf dem Jobstuhl ist das jedoch keine gute Idee. Es wirkt wie ein schlechter, unzeitgemäßer Führungsstil. Ralf könnte den Mitarbeitern von seinem Bedürfnis erzählen und sie fragen, ob es für sie in Ordnung wäre, wenn sie ihn für eine bestimmte Zeit alle Mails auf cc setzen. Mit hoher Wahrscheinlichkeit werden ihm die Mitarbeiter andere, geeignetere Möglichkeiten vorschlagen, wie er einen Überblick über die Aufgaben in seinem Bereich erhält.

Praxisbeispiel 2

Problem oder Konflikt?

Es ist ein Konflikt, denn bei den Mitarbeitern sind negative Gefühle gegenüber den Entscheidern und vermutlich auch gegenüber der jungen Nachfolgerin entstanden.

Welche gute Absicht könnte sich dahinter verbergen?

Für die Geschäftsführung ist jeder Wechsel eine gute Gelegenheit, die Anforderungen an die Rolle dem aktuellen Bedarf anzupassen.

Die Wirkung, die entsteht:

Auf die Mitarbeiter wirkt die Entscheidung inkompetent. Sie gehen von den bisherigen Anforderungen an die Rolle aus und sehen darin den Kollegen Franz als optimale Besetzung. Die junge Nachfolgerin wird an den alten Anforderungen gemessen und hat wenig Chancen, den Vergleich mit Franz positiv zu bestehen.

Auf dem Privatstuhl bilden sich Mitarbeiter auch zu Fragestellungen, die sie nicht verantworten, eine Meinung.

Auf dem Jobstuhl können sie sich die Führungskraft nicht aussuchen und auch nicht bestimmen, welchem Anforderungsprofil sie entsprechen muss.

Praxisbeispiel 3

Problem oder Konflikt?

Es ist ein Konflikt, denn zwischen Geschäftsführer und Mitarbeiterin sind negative Gefühle entstanden.

Bedingte Authentizität:

Der Geschäftsführer verhält sich nicht rollenkonform. Mit kumpelhaftem Verhalten »verführt« er die Mitarbeiterin, ihm zu persönlich zu begegnen. Beide sitzen damit auf ihren Privatstühlen statt auf ihren Jobstühlen.

Praxisbeispiel 4

Problem oder Konflikt?

Es ist ein Konflikt, denn bei den Mitarbeitern sind negative Gefühle gegenüber dem Geschäftsführer entstanden.

Der Geschäftsführer hat seinen Jobstuhl verlassen und sitzt auf dem Privatstuhl. Er trinkt zu viel Alkohol und belästigt Mitarbeiterinnen.

Die gute Absicht des Geschäftsführers:

Er möchte sich auf der Feier einfach als Mensch zeigen, nahbar und entspannt auftreten.

Die Wirkung auf die Mitarbeiter:

Er missbraucht die Macht seiner Funktion, um weiblichen Untergebenen zu nahe zu treten. Diese können sich schlecht gegen seine Anzüglichkeiten wehren, da er schließlich der Geschäftsführer ist und sie Nachteile befürchten.

Weiterführende Literatur

Fisher, Roger / Ury, William / Patton, Bruce: Das Harvard-Konzept. Die unschlagbare Methode für beste Verhandlungsergebnisse, München 2018.

Glasl, Friedrich: Konfliktmanagement. Ein Handbuch für Führungskräfte, Beraterinnen und Berater, Stuttgart 2017.

Rosenberg, Marshall B.: Gewaltfreie Kommunikation. Eine Sprache des Lebens, Paderborn 2016.

Schulz von Thun, Friedemann: Miteinander reden 1– 4. Hamburg 2019.

Thomann, Christoph / Schulz von Thun, Friedemann: Klärungshilfe 2. Konflikte im Beruf: Methoden und Modelle klärender Gespräche, Reinbek bei Hamburg 2004.

Watzlawik, Paul / Beavin, Janet / Jackson, Don: Menschliche Kommunikation. Formen, Störungen, Paradoxien, Göttingen 2016.

Wawrzinek, Ursula: Vom Umgang mit sturen Eseln und beleidigten Leberwürsten. Wie Sie Konflikte kreativ lösen, Stuttgart 2018.

Wawrzinek, Ursula: Was tun, wenn es brennt? Neue Strategien gegen Burnout, Stuttgart 2013.

Wawrzinek, Ursula: Kritik- und Korrekturgespräche auf Augenhöhe führen. Eine Roadmap bei Minderleistung und Fehlverhalten von Mitarbeitern, https://www.konfliktberaterin.de

Wawrzinek, Ursula: Endlich konfliktfrei führen. Wie Sie mit Kritik der Mitarbeiter umgehen: Ein Online-Selbstlernkurs, https://www.konfliktberaterin.de

Stichwortverzeichnis

Die Autorin

Ursula Wawrzinek
(Foto: Erol Gurian, https://www.gurian.de/)

Seit über zwanzig Jahren bildet **Ursula Wawrzinek** Führungskräfte im Auftrag namhafter Unternehmen aus. Sie kennt die Sorgen und Nöte ihrer Zielgruppe wie kaum ein anderer. Denn: Über tausend Führungskräfte ließen sich bislang vertrauensvoll von ihr in die Karten schauen. Als Unternehmensberaterin und Expertin für strategische Konfliktlösung hat sie tiefe Einblicke in die Ursachen und Auswirkungen zwischenmenschlicher Störungen am Arbeitsplatz gewonnen und diese systematisch erforscht. Mit ihrem Verständnis für die Belange der Beteiligten einerseits und die betrieblichen Notwendigkeiten andererseits entwickelte sie wirksame Methoden, um selbst hoch eskalierte Konflikte zügig und konstruktiv zu klären und gemeinsam mit den Beteiligten tragfähige Lösungen zu erarbeiten.

Ihre Klienten schätzen sie für ihr Fingerspitzengefühl und ihr analytisches Verständnis ebenso wie für ihr pragmatisches und erfolgsorientiertes Vorgehen und nicht zuletzt für ihre Herzlichkeit.

Ursula Wawrzineks Werkzeugkoffer ist prall gefüllt mit hundertfach erfolgreich angewandtem Erfahrungswissen. Sie selbst stellt die Praxistauglichkeit ihrer Methoden an oberste Stelle und bemisst ihren Erfolg an der nachhaltigen Zufriedenheit ihrer Klienten. Sie berät Führungskräfte, Personalabteilungen, Geschäftsführer und Vorstände.

Ihr Wissen bereitet sie fundiert und unterhaltsam in ihren Büchern auf und wendet sich damit an Menschen, die ihr Handeln reflektieren und professionalisieren wollen. Darüber hinaus hält sie spannende Vorträge und erreicht auch über Interviews und Fachbeiträge ein breites Publikum.

Ursula Wawrzinek studierte Sozialpädagogik und Betriebswirtschaft und wirkte langjährig in der Personalentwicklung verschiedener Unternehmen und Branchen, bevor sie sich im Jahr 1999 selbstständig machte.

Nähere Informationen finden Sie unter https://www.konfliktberaterin.de.